数学がわかるということ
食うものと食われるものの数学

山口昌哉

筑摩書房

本書をコピー、スキャニング等の方法により無許諾で複製することは、法令に規定された場合を除いて禁止されています。請負業者等の第三者によるデジタル化は一切認められていませんので、ご注意ください。

目　次

はしがき

第1部　数学という考え方

§1 岡村先生のこと——論理とことばについて ……… 14

岡村先生との出会い　14
論理とことば　16
ある数学の講義　18
＊第2平均値定理　20
先生の病気　22

§2 数学がわかるということ ……………………… 25

ある数学者の話　25
数学の研究とは　26
微分方程式を解くということ　29
数学研究のくろうと　32
「ヴィールス会」のこと　33

§3 数学のあらさについて ……………………… 35

仏法と数学　35
足し算することの意味　37
計算できる「資格」　39
"集合"という考え方　40
有限集合と無限集合　40
人間の集合　44
数学のあらさ　46

§4 数学のきちょうめんさ
——現代数学における3つの立場 …… 47

形式論理　47
誤った推論の例　48
数学が正しいとは　51
公理主義の立場　52
実在主義の立場　59
経験主義の立場　61
数学はなぜ論理的か　62

§5 数学と世界のみかた …… 66

Ⅰ 数学は何のためにあるか …… 66
ポアンカレのことば　66
数学は何の役に立つか　66
数学と世界像　68

Ⅱ ニコラウス・クザーヌス …… 69
クザーヌスの生涯と『無知の知』　69
円，3角形，球はみな無限の直線とおなじ　72
世界は無限である　75
すべての数は1から生み出される　77

Ⅲ 今西先生の世界像 …… 77
『生物の世界』　77
世界という船　78
地球の「成長」　79
クザーヌスと今西先生　80
相異と相似　81

Ⅳ 日本的な世界 …… 84

第2部　食うものと食われるものの数学

§6　対話とモデル——マルサスの人口論 …………… 88

数学的モデル　88
マルサスとその時代　89
マルサスの『人口論』　90
＊等差数列と等比数列　92
人口の増加と食糧生産　95

§7　細菌の時間——指数と対数 ………………………… 98

『特別阿房列車』　98
数列の書きあらわし方　100
アイルランドのジョーク　105
細菌の時間　106
時のながれ——対数関数　113
時の流れをなめらかにする　117
対数関数　123

§8　変化をとらえること ………………………………… 128

無限とは何か　128
近似，誤差，極限　129
無限小ということ　135
＊無限小の量の和　141
面積（積分）としての関数と微分　143
＊注意　微分係数がいつもあるとは限らない　150
＊重要な注意　153
簡単な関数の微分法，積分法　155
積分することの意味　その1　157

積分することの意味　その2　159
　　　微分方程式　163

§9　食うものと食われるものの数学
　　　——ヴォルテラの理論 ……………………… 169

　　　生物間の相互作用　169
　　　パールとリードによるマルサス理論の訂正　170
　　　環境汚染による中毒の状態　177
　　　差分方程式と微分方程式　180
　　＊パールの微分方程式についての注意　185
　　　ヴォルテラの理論　193
　　　漁業活動による減少　204
　　　農薬の効果　207
　　　競合のモデル　209

§10　数学は文化である ……………………………… 215

解説　数学の「あらさ」！（野﨑昭弘）　221

数学がわかるということ
食うものと食われるものの数学

はしがき

　現代の有名な数学者であるソビエトのコルモゴロフは，この人は数学者から見て一流の立派な仕事をいくつもなしとげた人ですが，かつて，ある記者の質問「あなたはこの生涯でどんな夢をおもちですか？」に答えて，「自分の数学をたとえば今の高校生にわかりやすく説明することです」と答えています．このように，今おこなわれている数学のことを，一般的な，数学にそうなじみのない人びとに説明することは至難のことなのです．しかし私は，数学が，一般の人びとにわからないということで，何か，たいへん地位が高いもの，おそろしいもの，と思われているということには満足できません．私自身は，むかし，中学生であったころ，数学がきらいでした．数学のもつ単純さ，冷酷さ，などが気に入りませんでした．それでも，その嫌な数学につきあって40年以上になります．そしてやっと，この10年ぐらいは数学が，面白いと思えるようになりました．それで，ここでひとつ自分のやって来たことをふりかえって，できれば，数学になじみのない方がたにも，数学というものの素顔をわかっていただこうと思ったわけです．
　最近は，コンピューターの発達がめざましく，それにともなって，ますます数学の「こわもて」つまりこわいから

もてるという感じが支配的で，それに乗じて，数学がいばっているような感じがします．けれどもこの本の中でも述べましたが，岡村博教授がいわれたように，数学こそ，謙虚でなければならないと思います．私の考えではここ100年の歴史もそのように見ることができます．

この本ではまったくふれてはおりませんが，ちょうど100年前，カントール，ワイエルシュトラスが，数学の基礎について，数々のパラドックスまたはそれに似たことを発見しました．そして，1930年代数学者ゲーデルは「証明できない定理」が存在することを証明して（ゲーデルの不完全性定理），物理学者オッペンハイマーをして「ゲーデルは人間の論理の不完全性を証明した」と嘆かせたのです．またこれはパラドックスではありませんが，ワイエルシュトラスという数学者が1875年に，「連続であるけれども，どの点でも微分できない関数」の例を発見して，その当時までは，信じられていた連続＝微分可能という信仰をくつがえしたときには，デュボアレイモンという数学者は，この例を研究してゆくとひょっとすると，人間の数学的思考というものの限界にまで達するかもしれないという感想をいっています．実は，コンピューターの進歩もあずかって，この100年では，論理的に考えて進めるということは実に長足の進歩をなしとげたのです．そして，カオスとかフラクタルというような，今までは数学的思考の対象ではないと思われて来たものまで，ある程度議論できるようになり，しかもそれが，ゲーデルやその他の人びとが示したこ

とと，きわめて関係が深いことがわかって来ました．

　だから，わかりやすい言葉でいえば，数学は，5000年以上の歴史を経過して，やっとふつうの，数学に縁のない人びとの考えの水準にまで成長したので，やっと人並に物がいえるようになった子供のようなものだともいえると思います．この時機に私が私の数学を説明しておくのも意味のないことではないと存じます．

　この本の準備は，ほぼ10年の年月を必要としました．私をたすけて下さった方があまりにも多いことに感激いたします．最初に出すことをすすめて下さった，山田丈児さん，ほぼ6,7年つきあっていただいた本多雄二さん，最後にお世話になった勝股光政さん，谷川孝一さんという筑摩書房の方がた，それから，この原稿は，光華女子大での1,2年のテキストでもあって，ここ数年間話させていただいたものであり，また近畿数学教育協議会で，しばしば話した内容であります．これら2つの団体の人びとにも深い謝意を表します．なお，個人的に原稿をよんでいただいた山田慶児氏，吉野宏氏にもこの発刊にあたってお礼を申し上げます．更に個人的なことながら，本日2月3日は私の60歳の誕生日であり，いままでご助力をいただいた方々に，この本を捧げて，心からの感謝の気持ちを表すことをお許し願いたいと思います．

　　1985年2月3日

　　　　　　　　　　　　　　　　　　　山口　昌哉

第1部　数学という考え方

§1 岡村先生のこと
——論理とことばについて

　岡村博著『微分方程式序説』という本が，私の机の上に，いつものっています．この本は日本で書かれた，数少ない独創的な数学書の1つで，わかりやすく，しかも著者の岡村博先生ご自身の仕事を先生が書かれたもので，日本の心ある数学者たちには愛されています．その仕事は世界に類のないものなのです．この岡村先生ほど，私に強い影響をあたえられた先生はありません．

岡村先生との出会い
　この年，私は23歳の大学生でした．
　私が先生と話をするようになったのはそれより少し前，おそらく昭和20年のはじめか，19年のおわり頃のことです．当時の日本は戦争の末期で，食べるものといえばごく少量の配給のもので，主食の米もほんの少ししか食べられないという状態でした．
　講義のときには，もちろん先生のお顔を見ていたのですが，私にはやっぱり近づきにくく，ましてやシーンとした2階の教授室のドアをノックして入っていく勇気はありませんでした．

岡村先生との出会い

　それが，ふとしたことから先生とお話をするようになったのは，戦争だったからです．

　先生が大学に来られる道と私の道とは一部分が同じです．2人とも京都の市電に乗って通っていたのです．ところが，戦争のために，食糧も欠乏していましたが，市電もあまり通らなくなりました．私たちは京都の街の中の乗り替えの停留所で，ひどいときには1時間も電車を待たなければならないことが，しばしばありました．

　そのようなある日，待っているのは，岡村先生と私と，たった2人だけということがありました．私は勇気を奮って先生に話しかけたのです．

　「先生，ホブソンの本を読んでいるのですが」．

　ホブソンというのは，先生が講義しておられる「実関数論」を研究しているイギリスの数学者の名前で，この本は数学のこの方面に関することは何でも書いてある分厚い本です．

　「ほほう，あんな大きな本を読んでいるのですか」と感心してくださって，それから数学の話になりました．

　このときは，30分話しても電車は来ませんでした．けれども，これで少し先生とお近づきになれたので，私は満足でした．

　先生の数学者としてのお仕事は，「解析学」，とくに「常微分方程式論」だということでした．先生の論文は，厳密そのもので，きびしい推論の積みかさねだという評判は，学生の私の耳にも入っていました．その推論は，1点のご

まかしもない堅実そのもので、別のある先生のいい方では、空をかけるのではなく、地面に沈んでゆくような感じのする推論だということでした.

論理とことば

　岡村先生ご自身が、論理そのものといった人柄でした. といっても、他のふつうの数学者、きわめて頭がよく、理屈っぽい話が上手で、たえず頭を回転させて論理的なことをいってみせてくれるような人びととは、どこかちがっていました.

　このことは、亡くなられたあとで、奥さまから聞いた話によって理解できるような気がしました. 先生は、論理やことばについて、1つの主張をもっておられたということです. それは私のことばでいいなおすと、次のようになります.

　「論理やことばというものは、人と人とが理解しあうために、たいへん重要な役割をもっているものだ. 論理やことばが、人と人との間でとり交わされるときに、あまり大きなまちがいを起こさないこと、つまり、論理やことばが人びとの間に通じあっているということは、この世のものとも思われないほど不思議なこと、文字どおり有り難いこと（ほとんどあり得ないにもかかわらず存在していること）なのだ.

　だから、論理やことばをできるだけたいせつにして、ちょっとでもその値打ちを下げないようにしなければならな

い.したがって,自分は,ことばを歪めたり,理屈をごまかしたりしないで,使っていくのだ」.
とまあ,このようなご主張であったようです.

先生は,人とした約束というようなものは,一度としてたがえられたことはなかったにちがいないと思いますが,このことに,もっと重い意味をこめて,1つ1つの約束を,1つ1つ楽しみながら果たされたということです.

私が先生に,ある本を見せて下さいとお願いしたことが何度かありました.そんなとき,先生は,「明日持ってくる」とか,「次の講義のときに」とか,気軽にいってくださいました.

そして,そのとおり,持ってきて貸してくださったわけですが,のちに奥さまに聞いたところによると(私に対してだけではなくて,だれに対してもこんなふうだったようです),
「明日は,誰々にたのまれていたから,あの本を持っていってやるんだ」.
と奥さまにもいって,その約束を遂行するのに,いかにもたいせつそうに,1つ1つ心をこめてなさったということでした.

私の方は,ふつうの人にふつうにものを約束して,ただそのとおりにしてくれただけ,というふうに受けとめていたのですが,この話を聞かせていただいて,心からびっくりするとともに,自分が恥ずかしくなりました.そして,その10分の1でも,自分でもやってやろうという気にな

りました.

　もう一度いっておきましょう.

　論理もことばも，人間が人間どうしのためにこしらえたものだから，たいせつにしなければならないというのです.

　数学者はたくさんいますし，論理を厳密に，しかも手ぎわよく使える人は何人もいて，その人たちは秀才と呼ばれます．しかし，1つ1つのことばや論理に，これほどの畏敬の念をもって，たいせつに使っている人は，はたしてどのくらいいるでしょうか．岡村先生はそんな学者の1人だったのです.

ある数学の講義

　先生が1つ1つの推論をごまかされなかったよい例があります．さきほどお話しした，先生との出会いの半年ほどあとのことだったと思います.

　その日は，「微積分学」の講義のほぼ終わりに近いところで，先生は，「第2平均値定理」という定理について，新しい証明法を考えたので講義しましょう，とおっしゃいました.

　そしてこの定理についての一応の説明をされると，証明にとりかかられました．けれども途中で1カ所，どうしてもうまくいかないところを発見されて，黒板の前でいろいろやり方を変えて考えられましたが，その講義の時間，2時間をついやしても，証明はその箇所でつかえて完成しま

せんでした.「ではこの次の講義の時間に」といわれて, その日の講義は終わりました.

それから2日たって, また先生の微積分の授業の日になりました. 先生は講義のある日は, 講義が9時からだとすると, だいたい午前7時に研究室にいらっしゃってその準備をされます.

その日は, 9時ちょっと過ぎに教室にやってこられると, 前の証明を, あらためて始めからなさいました. けれども, 前にむずかしかったところは無事通過したと思ったら, 今度は新しいところで, つかえてしまわれたのです. いろいろ試みられましたが, うまくいかず, やっぱり2時間の講義時間で, 証明はできませんでした. その週の講義はこれでおしまいで, 次の週の火曜日にその証明はもち越されました.

しかし, そのときも同じで, やっぱり証明はできあがりませんでした. 私と友人の溝畑君は, 今度は先生の研究室までついて行きました.

研究室の黒板の前で, 先生はふたたび考え出されました. いろいろ試みられたあげく, やっとのことで, 先生は正しい証明の方法を, そこで, 私たち2人の前で, 得られました. われわれは, 何にもまして先生の, きびしい, 1点のごまかしもない態度に感激したわけですが, もう1つ, われわれを驚かせ, はげましと受けとれたことがあります.

それは, 先生の数学にたちむかうときの方法です. その

第2平均値定理

第2平均値の定理とは「積分学」にある定理です．それを積分のことばを用いないでいいますと次のようなことなのです．今ある点を中心に東西に真っすぐ延びた自動車競技場があり，この点を出発点（A）として，第1の自動車が速度を変化させながら東へ行くかと思うと西にも行くというふうにいろいろに動きまわります．出発時刻を α とし，最後に停止した時刻を β とします．この α から β までの時間にこの自動車がもっとも東へ行った位置をPとし，もっとも西へ行った位置をQとすることにしておきましょう（そこに標識でも目印にたてておいたらいいでしょう）．こんどはもう一度今のことを2台の自動車で行ないます．第1の自動車は先ほどとまったくおなじ動きを同じ仕方で

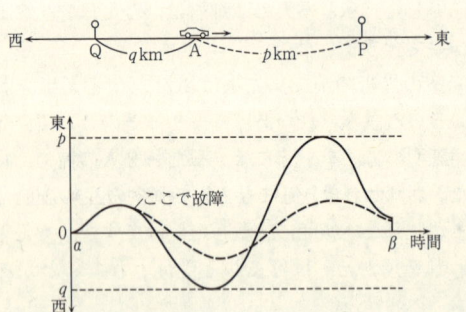

図1.1

くりかえします．したがって P, Q はかわりません．第2の自動車は第1の自動車と同時刻に同一の速度で出発して，第1のものと速度の方向そのものはまったく同じに変化させながら，しかしエンジンに故障をおこしましたので第1のものとのスピードの比が（これははじめの時刻 α では1）だんだん減少してゆくとします．そのとき，この定理は第2の自動車は P や Q をこえて東や西には絶対にいかないこと．また第2の自動車の時刻 β における場所を必ず第1の自動車が α と β の中間のある時刻 x で通っていること．これが第2平均値定理なのです．

　こういわれればあたりまえのことでしょうが，このことを，第2の自動車の故障がどこでおころうと，第1の車のスピードの変化がどんなものであろうと常に成立することとして証明するのはあまりたやすいことではありません．上のように説明したのは相当想像力に訴えています．それだけでなしに，実はこの定理は必ずしも自動車でなくても，同じような現象すべてについて成り立つのです．エンジンの故障で第2の車のスピードと第1の車のスピードとの比がだんだんに小さくなるのは本当でしょうか，それもよく考えればはっきりしませんが，岡村先生の証明はこのことだけ，つまり第2の車のスピードがだんだんおちてくることだけをつかって，論理的に，必ずしも自動車についてだけでないことについて証明するのです．

とき，先生は，黒板の前で，いろいろなことを試みてつぎつぎと失敗をかさね，結局最後に正しい証明を得られたのですが，その試みられた方法の1つ1つは，特にきわだった考えというのでなく，どれも，そのときのわれわれでも考えつきそうな，平凡な，ふつうの考えばかりでおしとおされていました．そのようないくつかの考えのうちの1つが成功したわけです．

このとき，「数学」とはこんなものだったのか，これならわれわれにもできるぞ，と私たちは考えました．すくなくとも私にとって，「数学がこんなにも手のとどくところにあったのだ」という気になれたのは，そのときが初めてのことでした．

これは，私が大学の2年生の前期から始まった講義が，戦争やら，先生のご病気やらで，途中がちょっと切れて，その残りの部分をやっていた頃のことですが，それは，戦争が終わって間もない昭和20年の秋の頃だったと思います．

先生の病気

岡村先生についてはもう1つお話ししたいことがあります．それは先生のご病気のことなのですが，みなさんは「ヤミ買い」ということばを耳にしたことはありませんか？　もう，ずいぶんむかしの話になりますが，戦争中は，はじめのほうでも少しふれたように，食糧などの生活物資がたいへん不足していた時代でした．「物資統制令」とい

う法律があって，私たちは，わずかの米とその他の食糧品が配給になるだけで，ふつうにはこれ以外に食糧を手に入れることはできませんでした．しかし配給の食糧だけでは，足りなくて，栄養失調になります．

多くの人は，配給のための切符なしで，何とか食糧を手に入れようと苦心しました．このように配給の切符なしで，統制令に違反して物資を買うことを「ヤミ買い」といっていたのです．

岡村先生はいっさいのヤミ買いをなさいませんでした．そのため栄養失調になって，20年の夏は入院しておられました．

ちょうどその年の8月25日，終戦の日のすぐあと，私と溝畑君とは先生の見舞いに行きました．その頃先生は衰えて痩せておられたのですが，ちょっとおしゃべりをなさいました．おそらく戦争が終わったということが，いくぶん，私たちの気持ちをやわらげて陽気にしていたのかもしれません．

先生はそのとき，「数学は謙虚なものだ」ということをいわれました．このことばは忘れられないことばです．

岡村先生は，結局この病気がもとで，昭和23年9月3日に亡くなられました．

*

この本ではこのように岡村先生が重くみられた論理というものが，人間のためにどういうわけで存在するのかとい

うことを皆さんにわかっていただくためにかきました．けれども結論をいいますと，なぜ論理があるかということは，そのまま論理的に考えていってもみつからないのです，その答は実に思いがけないところにあるというお話をしたいのです．

§2　数学がわかるということ

ある数学者の話

　数学で教えられることがらについて，それが・わ・か・る・と・いうこと，または・わ・か・っ・た・ということ，それはどういうことなのでしょうか．

　ある1人の日本の大数学者，この人は「多変数の関数論」という分野で，世界で第1級の仕事をされた有名な方ですが，その人が，ある日学生たちにいった話をお伝えしましょう．テストの話です．

　数学の試験を，よくよく準備して受けに行ったと思ってください．試験の部屋に入ります．問題を見ます．「アッ！　これはできるぞ」と思い，一生懸命答案を書く，よく注意して，1つ1つ確かめながら，今までに習ったやり方や方法をつかって書きおえます．これで今日のテストは満点にちがいないと思って，試験の部屋を出る．

　しばらく歩いてその部屋から遠ざかったところで，今書いたばかりの答案を頭にえがいているうちに，「アッ！　しまった」と，1つの問題について，答の誤りに気がつく——この瞬間こそ，その問題そのものと，それにつかった方法や原理がわかった，はっきりわかった！　という瞬間なの

だ．

　と，こういうお話です．この話は私にとって，たいそう感銘の深い話でした．それは数学の研究者としての，この先生の深い体験がしみわたっている話だからです．ちょっと聞いただけでは数学の研究と何のかかわりもない話のようですが，そうではありません．実はこの方の研究生活の中からこのようなことばが出てくるのだと私は思います．

数学の研究とは

　数学の研究というのは，どんなものか説明するのは，なかなかむずかしいのですが，今の話とからめて，私が若い頃経験したことを少しお話ししましょう．

　昭和27年頃，私は26歳ぐらいだったと思います．その頃，私は数学科を卒業して工学部の若い先生になっていたのですが，私の上司の先生は物理学科出身で，当時「非線型(けい)の振動」というものの研究をやっておられました．

　「非線型の振動」というのは，工学的にもたいへん重要なもので，そのころ盛んに研究されていました．そのような振動は，現実の世界にも非常にたくさんみられるものですが，わかりやすい例としては，図2.1のような「鹿(しし)おどし」というのがあります．

　京都ではよくお寺などにありますが，竹を半分に割って節を抜いてつくったかけひ（筧）から水が流れてきます．その水を受けて溜める部分が一方のはしにあるシーソー型のかけひがあって，ここに水がある程度たまると，その重

数学の研究とは

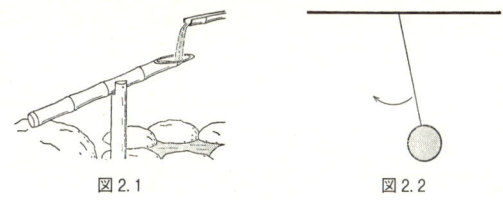

図2.1　　　　　　図2.2

量でシーソー型のかけひの水溜めのある方が下がります．すると，たまっていた水が一度に流れて，上がっていた他の一方のはしがとつぜん落ちて「ポン」という音がします．また空になった容器に，一定の時間がたって水がたまると，「ポン」．これをくりかえすのです．この「鹿おどし」は，シカやイノシシなど，作物を食いあらす動物たちを，音を立てて畑に近づかせないために，むかしの農家の人が工夫したものです．

　この「鹿おどし」の運動は，数学的にいうと1つの「非線型の振動」をあらわします．一定の時間が経過するごとに，同じ一定の運動をくりかえす場合，これを「周期的」とよびますが，周期的であって，ばねにつけられたおもりの位置や振子の傾きの角のように，ある一定の値を基準にして小さく増加と減少をくりかえすような運動を「振動」といいます．シーソー型のかけひの場合，一方のはしの振動は，周期的であって，しかもその振れ幅（振幅）は相当大きいのです．

　ふつう，そのころまでに数学として完成されており，工

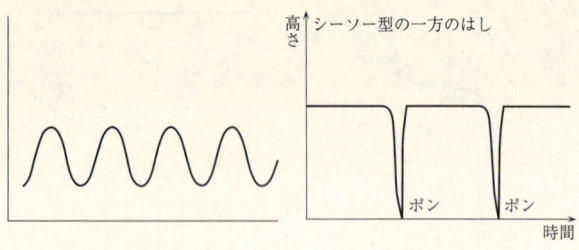

図2.3 線型振動の例　　図2.4 非線型振動の例

学にもよく用いられていたのは,「線型」の振動で,これは「振動の振幅(振動する幅)が十分小さい」という前提のもとに理屈がつくられています.したがって,その理屈(=理論)というものは,この「鹿おどし」の場合のような非線型の振動には,まったくあてはまらないわけです.

私の上司であった先生が研究しておられたのは,今のべた「非線型の振動」で,それはたとえば,電気の方での真空管の発振とか,機械の方での偏心した軸の振動とか,工学的に重要ないろいろの振動現象がふくまれます.

その先生が私に質問されたのは,上のような振動現象をあらわす(微分)方程式に関するものでした.「鹿おどし」の例でいえば,この振動は水が1秒間何リットルと一定の速度で上のかけひから流れてきているときに起こります.この場合一定の周期で,つまり何分かに1回の割で,「ポン」とシーソーのはしが上下します.そこで,もし水の流れを周期的に変化させれば,どんなかたちの周期振動をこ

れがおこなうか，という質問でこの例でいいあらわすと，だいたいこんな意味になります．

もちろん，この例だけではなく，一般的に振動現象は数学の式（微分方程式）であらわされ，それについてのさまざまな研究が多くの人の手でなされていたのですが，このような場合についての結果をキチンといいあらわすことのできる定理は，発表されているいろいろの論文をさがしてみてもみつかりません．

あれこれしらべたり，考えたりしたあげく，ブラウアーという人の研究によるある定理——それは「平行移動定理」という名でした——をつかうと，そのことをうまく説明できそうだということになりました．

しかし，いざ論文としてまとめて書こうとすると，わずかのことで，この場合には，この定理は適用できないということがみつかりました．このことで，私は前の数学の先生の例のいい方でいえば，ブラウアーの平行移動定理そのものは，やっと理解できた，わかったというわけです．

微分方程式を解くということ

ついでにこの研究のその後をもうすこし続けますと，もう他人のつくった定理にたよることはできなくなり，何とか自分で解答をさがさなくてはなりません．作業としては，平面の上で，ある微分方程式の解をあらわす曲線を，適当な形の別の閉じた曲線で「囲む」ということをする必要がありました．

「微分方程式」というのは，ある（未知の）関数とその導関数をふくむ方程式のことで，さまざまな運動や現象など変化するものを数量的に表現するときに欠かせないものです．そして関数（変数を含む式）が平面上では曲線であらわされることはみなさんもご存じでしょう．微分方程式を解くというのは，このような式が与えられたときに，この式を満足するような曲線（群）をさがしだすことなのです（§9では生物の話で実際に微分方程式を解きます）．

すこしむずかしくなりましたから，図を参考にしながら直観的に説明すると，たとえば水槽に入れた水があったとき，この水を手でかきまわすと，水はぐるぐるまわり出していくつかの渦ができます．今，水の表面だけに注目することにして考えてみますと，表面の各点には水の流れの速度ベクトルが考えられます．つまりその点を通ってある方向への速度を流れがもっていると思ってよいでしょう．こういうふうに平面の各点にベクトルを考えたものを"ベクトル場"といいます．そして微分方程式とはこのベクトル

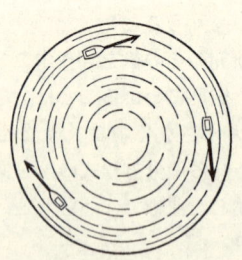

図2.5

場をあらわす式なのです．そして"微分方程式の解"というのは，この平面上の1つの曲線であらわされるだけではなくて，その上の各点での接線がはじめにあたえたベクトルと一致しているものなのです．つまりさきほどかきまわした時にできた水槽の表面についていえば，その1点に小さな舟のおもちゃを落したときそれがたどって流れていくあとをたどった曲線がこのベクトル場をあらわす微分方程式の解の曲線なのです．そして微分方程式を解くとは，あたえられた点を通る，このような曲線をもとめることなのです．そしてこの曲線をこのベクトル場をあらわす微分方程式の解とよぶのです．今の問題では，この曲線をベクトルの場をしらべながら「囲む」ことが必要なのです．

　円とか長方形とか，その式はみなさんもよく知っているような図形で囲むのなら，むずかしくないのですが，そんなものでは与えられた条件からすぐ駄目なことがわかります．つまり，さきほど述べた解の曲線がはみだしてしまうのです．

　そこで私は，いくつかの線分や曲線の一部分をつなぎあわせて，解のカーブを囲まなくてはなりませんでした．これがなかなかむずかしい作業で，つぎつぎと上のような曲線の切れはしをつないでいくのですが，結果がうまくいくという保証はありません．だいたい囲めたぞと思ってよろこぶと，最後のところで，水が洩れるように解の曲線が囲む曲線のそとにとび出します．

　こんな作業を，40日ほど，毎晩毎晩，失敗失敗の連続で

くり返したことを，今も思い出します．これは幸運にも成功して，イギリスにいるロイターという数学者に，手紙でその結果をしらせたことをおぼえています．その返事は簡単でしたが，「君の結果は新しい」と書いてあって，そのNEW というところにはっきり下に線が引いてあってうれしかったことを，私は忘れられない思い出としてもっています．

数学研究のくろうと

だいぶ話がそれてしまいましたが，このように，実際に数学を研究しているものにとっては，研究とはすなわち失敗と誤解のつみかさねなのです．1つの真理をみつけるためには，それは数学にかぎったことではありませんが，実にたくさんの失敗のつみかさねが必要なのです．どの職業でもそうだと思いますが，「くろうと」と「しろうと」の区別は，失敗しても失敗してもまだ続けていく人が「くろうと」で，いい加減のところでやめるのが「しろうと」だ，といういい方もできます．

だから数学の研究で，1人の人が，ある問題について，1つの予想をたてたとしましょう．その結論が正しいものであるかどうかは，推論のつみかさねによってたしかめる必要があります．

初め，「できた！」と思ってよろこびます．そしてしばらくして，今くみたてた推論のどこかにピッタリしないものがあるのに気づき，もう一度自分のたてた議論をチェック

するわけです．そしてその推論の中に，さっきは見落としていたあやまりを発見して，これを修正して議論をより厳密なものにする．そうしてまた始めからやりなおす，——こんな手続きを，何べんも何べんもくり返す人，それが数学の「くろうと」であるといえましょう．

このような研究生活の経験から，はじめに述べた数学者は，学生が数学を勉強する場合にも「わかり方」というのは研究者の場合と同じことだと考えて，テストの話をしたのだと思います．

「ヴィールス会」のこと

ここで研究の思い出の話をしましたので，もう1つ若いころの思い出話を書いておきたいと思います．

私が理学部の助手をしていたころ，数学の研究と（当時は）直接関係なかったのですが，生物学の研究者と親しくなりました．そして，いく人かの生物学者の卵の人たちと，月に1度，「ヴィールス会」という会をしていたのです．

この会は生命に興味をもつ人の会ということで，毎週1回，どこかに（それは会員の下宿のことが多かったのですが）集まって，だれか1人が，生命に関係した話をすることになっていました．微生物の話，動物の生態の話，など，もう遠い昔でよく思い出せませんが，どの話も，数学にない，面白い話がたくさんあって，いかにも生きているということは神秘的だと思いしらされました．そうして，私に

かすかな願望が生まれてきておりました．

　数学と生命——それらはたいへん遠いもののようですが，どこかでつながっているにちがいないし，どこでつながっているのだろうか？　それを知りたいために数学をつかって，ほんのちょっとでも「生きている」という感じが出せたら本望だなと思うようにもなりました．

　実はさきに述べた非線型の問題と生物に関連した数学が，相当近いものであるということに気づいたのは，もう少しあとになってからです．

§3 数学のあらさについて

仏法と数学

　　柿　の　実　　　　　　　　　　西谷得宝(にしたにとくほう)

せどの柿の木に柿が十五なっていたげな
そこへ雀(すずめ)が八羽, 椋鳥(むくどり)が五羽飛んできてあったげな.
それでみんなで二十八になったげな,
どうじゃな仏法とは, おおよそ
こんなもんじゃげな.

　数学者である私は, 仏法（ほとけさまのおしえ）というものは, よく知りません. しかし, この詩はもし「仏法」ということばを,「数学」ということばにおきかえたならば, まことによく数学というものは「こんなものだ」ということを表わしていると思います.
　この詩の作者の西谷さんは, 70年ほど前秋田県の男鹿半島にある寒風山のふもとに生まれ, 若い間の大部分を托鉢僧として東北地方をはじめ, 日本の各地を歩かれた, アララギ派の歌人です.
　私はこの方から, 直接に京都でこの詩をいただきました

が，あまりにも数学の本当のところをついているのに，そしてそれを数学にほとんど関係のない方から示していただいたのに感激しました．

この詩は，数学がもつ，ものの見方のあらさ（粗さ）ときちょうめんさ（几帳面さ）の両方の性格を，よく表わしていると思うんです．

つまり，ずっと遠くから見れば，背戸（勝手口）の柿の木に，何だか「もの」が，1つ2つと数えて28個あるわけです．

が，実際に近くに寄ってみると，柿の実が15，スズメが8羽，そしてムクドリが5羽いるわけで，ここではちょっと足し算をする気にはなれないというものでしょう．

しかし，それらがほとんど「もの」としか見えないぐらいの位置から見られるならば，1つ，2つ，3つと数えることができます．そしてその計算の結果は28個であって，けっして27個でも29個でもないわけです．

つまり，このことをいいかえれば，柿の木を遠くの方から，しかし，つぶつぶの「もの」が区別できる程度の近さ（遠さかもしれません）から眺める場面，数学とはこんな場面でしか，成立していないのです．

こんなことは，数学がひとたび実際のわれわれの現実の世界と接触する場合には，必ず経験することなのです．この本でも，たびたび，このような数学のもつ，ものの見方のあらさの例を紹介することになるでしょう．

足し算することの意味

もう少し、今の足し算について考えてみましょう。西谷さんの詩では、柿の実とスズメとムクドリという、まったくちがった種類の「もの」を足しあわせたのですが、実はこのように、1つ1つのものがちがっていてこそ、足し算の意味があるのではないでしょうか。

みなさんが小学校でならった算数の本をひらいてみましょう。1年生では、最初が数えるということです。そこでは「数」ということをはじめにならいますが、さし絵があって、ネコが2匹いたり、花が3つあったりします。だいたいどの教科書でも、2匹のネコや3つの花の絵は、それぞれ少しずつちがったものが描かれているようです。なかには、まったく同じネコを5つも6つもきちんと並べてある教科書もあるのですが、どちらかといえば1つ1つちがっている方が、数えがいがあるような気がするでしょう。

これが「足し算」になると、ほとんどの教科書で、白いイヌ2匹の絵と黒いイヌ3匹の絵で、

$$2+3=5$$

を説明するというふうになっています。

これは非常に有効なやり方で、足し算というものの性格を、よく説明しています。この例は、

$$A+B=B+A$$

という足し算の「交換法則」の説明として、白いイヌ2匹に黒いイヌ3匹を足して5匹、この結果は、黒いイヌ3匹に白いイヌ2匹を足したときと同じである、というときに

も使えます.

それにしても, 異なった種類のものの足し算にも, 常識的には限度があるように思います. たとえば, ノミが3匹とゾウが5匹, あわせて8匹というのは, どう考えてもおかしな気がします. それは, 人間の世界から見て, ほとんどこのような足し算をする必要もないし, またそんな場面に出くわさないからでしょう.

しかし, この本の最後のほう§9では, それに少し近いことをやってみるのです. たとえばサメとその他の小さい魚のように敵対関係にある (サメはその他の小さい魚を食べる) 生物の数を, 両方足し算するようなことも, ときにはあるのだということをお話しするつもりです.

また, ある種の生物には, これに寄生する小動物がいます. そのとき, これら寄生する生物と寄生される生物について, それぞれの群れの大きさを足し算したり, その他の計算をすることがあります.

そうすると, ゾウとそれに寄生するノミなどについて, 足し算するというようなことを, 考えてもおかしくないかもしれません.

どうやらわからなくなりました. つまり, はっきりした,「足し算できるもの」と「足し算できないもの」の境目はないのです. それはその場面場面の問題の性質に応じて, 柿の実とスズメを区別したり, ノミとゾウをいっしょに数えたりすることがある, ということなのです.

計算できる「資格」

「柿の実」の詩では，1つ，2つと数えるときに，それぞれの柿の実やスズメやムクドリのちがいには目をつぶって，1つ1つ対等の「もの」として勘定するという，大ざっぱなものの見方をしました．また，サメと小さな魚の群れのように，食う食われるという関係にある生物どうしも，ときにはいっしょに計算されることがあるということを述べました．

このように，対象をあらっぽく，大づかみにとらえるということは，数学の世界ではあらゆるところで行なわれます．

人間は，何か，これとこれを取りあつかう数学をこしらえようと決めたとき，その1つ1つの対象に計算できるという「資格」をあたえて，数学のしくみの中にどんどん取り入れているようです．これはとくに，近代から現代にかけての新しい数学に特徴的な性格ですが，はじめの西谷さんの詩を紹介したときにも申しあげたように，数学という学問の本質的な性格でもあります．

話がむずかしくなりましたので，このことをもう少しなじみの深い例で説明しましょう．「鶴亀算」というのはみなさんもご存じでしょう．鶴は足の数が2本，亀は足の数が4本で，鶴がx羽，亀がy匹いるとすると，足の総数を問題にするときには$2x+4y$本，両方あわせて何匹いるかというときには$x+y$匹を計算するというものです．このあとの方は，鶴も亀も頭の数はそれぞれ1個ずつですか

ら，$x+y$ は全体の頭の数だけを勘定したものと思ってもよいでしょう．

この場合，さきほど計算するための「資格」をあたえる，といったのは，それぞれの「もの」について，はじめの場合は足だけを，あとの場合は頭だけをとりだして考えるということになります．

"集合" という考え方

数学が現実のものを見る見方として，最近の数学教育にまでとり入れられている "集合" という考え方ほどあらい見方もまたほかにありません．

皆さんは，中学で集合をならったと思います．集合というのは "もの" のあつまりであって，1つ1つのものは要素とよばれるものです．たとえばよく出てくる例は1から10までの自然数の集合，よく使われる書き方は括弧でくくって

$$\{1, 2, 3, \cdots, 10\}$$

などと書きます．この場合個々の数，1とか3とかがこの集合の要素です．そのほかに3角形全部の集合とか，2等辺3角形全部の集合だとかが集合の例として出されます．このような考え方も実は，非常にあらい自然認識の方法の1つであるということをいいたいのです．

有限集合と無限集合

集合には2種類あって，たとえば今述べた例，1から10

までの数の集合のようにその要素の数が有限な「有限集合」と，要素が数えきれないもの，すなわち「無限集合」とがあります．

無限集合のもっとも簡単な例は，1からはじまる自然数全部の集合です．集合の大きさをきめるには，皆さんがご存じのように「1対1対応」という操作を用います．これは有限集合の時には数えるという操作とおなじなのです．この章のはじめにいった例でいえば，柿の木になっている15個の柿と8羽のスズメとムクドリの5羽からできた集合

$$\{\underbrace{\text{🍑🍑······🍑}}_{15}\ \underbrace{\text{🐦 🐦 🐦}}_{8}\ \underbrace{\text{🐦 🐦}}_{5}\}$$

と，1から28の数字の集合

$$\{1,\cdots,\cdots,28\}$$

との間に余りなく1対1対応をつけて，これらは2つの大きさの等しい集合だとみなしたといえるでしょう．

有限集合についてはこれであんまり不思議なことが起こらないのですが，無限集合についてはちょっと常識では考えられないことが起こります（といっても無限の要素をもつ無限集合に関する常識というものは，数学者以外のみんながもっているわけではないので，むしろ，有限集合の場合にわれわれがふつうもっている常識では考えられないことといいなおすべきかもしれません）．

たとえば，自然数全部の集合Aと偶数全部の集合Bとは大きさが等しいということができます．さきほどもいっ

たように，大きさをくらべるのは，あまりなく1対1対応がつけられることでしかありませんでしたから，下のように1対1対応をつければあまりなくつけられると想像できるわけです；

$$\begin{array}{ccccc} \{1 & 2 & 3 & 4 & \cdots \cdots\} \\ \updownarrow & \updownarrow & \updownarrow & \updownarrow & \updownarrow \ \updownarrow \\ \{2 & 4 & 6 & 8 & \cdots \cdots\} \end{array}$$

偶数の集合Bは自然数Aの部分（これを部分集合といいます）です．にもかかわらず大きさが等しいのです．こんなことは有限集合では想像できないことなのです．

ここでわざと"想像"ということばをつかいました．しかし，有限集合の場合には，想像といっても，手間をいとわなかったら，必ず1つ1つの1対1対応をその実行で確かめて，まちがいなくきっちり1対1の対応を，あまりなく足りないということもなくつけられるわけです．

しかし無限集合の場合には，これを確かめることは有限集合の場合のようにはいきません．なにしろ無限個の1対1対応をつけていくことなのですから1つ1つをかぞえてあげていくと，限りなくあって終わりがありません．このことは，極端に要素の数が多い集合についてもいえることです．実際的には，要素の数が10^{30}もあれば，有限集合といえども1対1対応を確かめることは困難です．

そこで別の確かめ方があります．一般にAは自然数の集合ですから，Aのどの要素もnという1つの文字で代表させるとすれば，nという自然数に対しては，Bの要素$2n$

を対応させることができます．

$$n \leftrightarrow 2n$$

と対応をつけたわけですから，すべての自然数 n に $2n$ という偶数が対応し，すべての偶数 $2n$ には n という自然数を対応させるというわけですから，A と B とはきっちり対応がつくということが納得できます．また，有限集合でも何百億個もあるときは，たしかに上で述べたような対応の一般的な形を知れば，きっちり対応がつくことが納得できます．

次に3角形の集合の例でやってみましょう．底辺を A とし，高さが1という固定した3角形から，高さが真分数 $\frac{1}{n}$ であるものを"すべて"考えた集合はどうでしょう．

もう8番目ぐらいから高さがほとんど見えなくなって A という線分と見分けがつかないぐらいになります．けれどもこういう3角形の列は無限につづくわけで，その一般的な高さを $\frac{1}{n}$ ということにすれば，この集合（A は一定のところに固定して）の大きさはさきの自然数の集合と

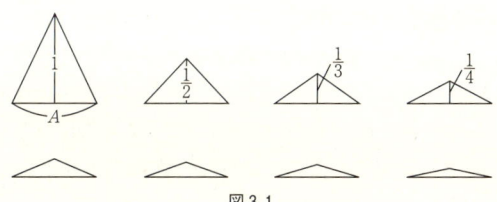

図3.1

等しいのです．

　こういうふうに考えてくると，"すべての3角形"などという集合は無限集合であることに気がつくでしょう（さきほどの底辺1で高さ $\frac{1}{n}$ の3角形の集合はその部分集合であったわけです）．そしてそれは1つの集合として考えることができるわけですが，有限集合のときのようにそのすべての要素を目で見ることはできないものなのです．

人間の集合

　こういうふうに考えてくると不思議なのは人間の集合です．昭和60年度の君の学校の君のクラスの生徒たちすべてという人間の集合ははっきり確定します．要素は君のクラスの1人1人の生徒です．また君の学校の先生全部というのも確定した人間の集合なのです．

　しかし，もし人間全部の集合といったときは大変複雑です．これはまず昭和何年の何月何日としても現実にはさきほどからの例，生徒や先生の例のようには確定しません．というのは，世界中の人びとといっても小さい赤ん坊や，老人もいます．そこまではいいのですが，今その瞬間にオギャーと生まれてくる人もいますし，その瞬間に息をひきとる人もあって，すべてということがどういうことかわからなくなっているのです．もちろん，すべての国の戸籍に登録されている人びとだけの集合というのならほぼこの集合は確定しますが，これはすべての人間の集合というに

は，あまりにも多くの人びとがぬけています．たとえば生まれたばかりの赤ん坊はもちろん，世界には戸籍のない立派な人間もいます．

このように"人間全体の集合"というのは，現実との関係で，きわめてむずかしいことばなのです．そしてこういうふうに考えてくると，集合（時に無限集合）というものは現実にある物のあつまりそのものをいうだけではなく，たとえば人間の集合のときのように，"すべての人間が要素として確定されるならば"という仮定（仮定といってよいが，現実に不可能な仮定）のもとに考えられるものなのです．

どうです，集合という考え方は，現実のものの近似としてきわめてあらいものだということがわかるでしょう．

もう1つ，いっておかなければならないことは"変化"との関係です．現実に生きているものは変化しているわけです．その変化の中には生から死へ，あるいは新しい生を生みだす誕生まであるわけで，いつも時間とともに変化しているわけです．このことを，無理に時間をとめて考えたとき，人間の集合ということばが使用できるということでもあるわけです．この変化の問題は後に第2部の§8で説明することになるでしょう．そこでさきほどいった簡単な方の3角形の集合（無限集合）が変化をとらえるのに用いられることがでてまいります．

数学のあらさ

これまでいろいろ見方をかえて，数学のあ̇ら̇さ̇ということを書きましたが，それはただ乱暴に，粗雑にものを見るというのではなくて，人間の世界を理解するのに有効であるように，またある意味で常識的に，きっちりと考えをおしすすめるために，その場面場面に応じた視野の幅で，少しあらく「もの」を見ること，なのだといえるでしょう．

このことは数学以外の自然科学，たとえば生物学をとってみれば，同じ対象をあつかうにしても，決してやらないことです．考えてもごらんなさい．柿の実とスズメとムクドリとを同等のものとしてあつかう生物学というものがあるでしょうか．生物学なら，その研究対象として，柿は柿として，スズメはスズメとして，ムクドリはムクドリとしてあつかう学問なのです．

もっとも，この本にもそのような例がいくつか登場することになると思いますが，同じ生物を研究の対象として，数学と生物学が協力しあうという場合はしばしばあります．そのことを§9に書くつもりです．そこではいくつかの生物の種類を同時に考えます．

§4　数学のきちょうめんさ
―― 現代数学における3つの立場

形式論理

　前の章では，数学の（ものの見方の）あ・ら・さということを強調しました．数学の世界では，対象（もの）を大づかみにあらっぽく見ると同時に，ひどく潔癖できちょうめんな一面があります．いいかえると，数学は，たいへん厳密な論理の筋道によって組み立てられた，学問の体系なのです．
　この点では，同じ自然科学の物理学などともちがっています．物理学では，現象にいかに適した理論を組み立てるかに重点が置かれていて，数学のように，必ずしも厳密さを極端なところまでは押しとおさないのです．
　数学では，このき・ちょ・う・め・ん・さは，1つの理論（体系）を組み立てていくうえでは，「一度約束したこと（前提）は，途中で絶対に変えない」ということに現われています．
　それをまちがって途中で変えた場合にはあ・や・ま・りといわれるわけです．前提を途中で変えないということがどれだけ重要なものかを有名な例でお話ししましょう．
　数学は「形式論理」というもので組み立てられています．形式論理にはいつも，前提と，結論とがあります．そしてこの前提と結論の間をつなぐのが推論とよばれるもので

す．たとえば，

　　　前提：私は人間である

　　　推論：人間は生物の一種である

　　　結論：私は生物である．

といったように，数学の議論のたてかたは1つの前提 A（これを仮定ということもあります）から，$B_1, B_2, B_3, \cdots$ というような推論のくさりをつなげて結論 C を出すわけです．図式でかけば，

$$A \to B_1 \to B_2 \to B_3 \to C$$

という一連の推論の矢印によるくさりがつくれます．

このくさりは，すべてごまかしのないものでつながなければなりません．もし1カ所でもごまかしをいれますと，とんでもないことがおこります．

1つ面白い例をあげてみましょう．この例は前提はあたりまえの正しいことなのですが，途中1カ所だけごまかしをすることによって，とんでもない結論がでるという例です．

誤った推論の例

まず前提として，あたりまえのこと，

$$A: \quad 1 = 1$$

をとります．この式の両辺を10で割って，

$$B_1: \quad 0.1 = 0.1$$

これをさらに10で割って，

$$B_2: \quad 0.01 = 0.01$$

と同じことを続けて,

$$B_{10}: \quad 0.0000000001 = 0.0000000001$$

とします. ここで, 1つインチキをやって, 右辺は0に近い数ですから,

$$0.0000000001 \fallingdotseq 0$$

こちらを0にします. そうすると,

$$B_{11}: \quad 0.0000000001 = 0$$

となります. 両辺に 10^{10} をかけることによって,

$$B_{12}: \quad 1 = 0$$

がでます. この両辺に1を加えて,

$$2 = 1$$

となります.

キリストと私は2人の人物である. 上のことにより2人は1人であるからキリストと私は同じ人である. 上の議論では正しい前提,

$$1 = 1$$

からキリストと私は同一人物であるというとんでもない結論がでました. この結論はキリストと私がそれこそヒゲ1本まで同じの同じ人物だということでとんでもないことなのです. そのまちがいの原因は, ただ1つ B_{11} のところで,

$$0.0000000001 = 0$$

としてしまったことにあり, その他の推論はすべて正しいものなのです. このごまかしはどうしてごまかしかといいますと, これは考えを途中で変えているからなのです.

一般に論理（形式論理）や数学の計算（式の変形）は，次の3つの規則にのっとって進行します．それは，

同一律：$A = A$（たとえば $1 = 1$）
排中律：A であるか A でないかである．（$x = y$ or $x \neq y$）
矛盾律：A は A でないものでない．（$A \neq \bar{A}$）

さきほどの計算のなかでは，
$$B_{11} : 0.0000000001 = 0$$
としたのは右辺だけで，
$$0.0000000001 = 0$$
としながら，左辺では，
$$0.0000000001 \neq 0$$
ということを同時にみとめていることで矛盾律に違反します．こういうあやまりあるいは"ごまかし"を「矛盾」とよびます．

小数点のあとに0が9つもあるような小さな数だから，常識的には0とみなしても何の不都合もないようにみえる操作を加えただけですが，これが根本的なあやまりであったわけです．こんなささいな！ と思われるかもしれないごまかしが重大な結果を生むという例であります．

実はもっと一般的に，次のことが論理学で成立しています．

「1つの前提から出発して推論を重ねていくとき，ただ1つの矛盾を推論に挿入することで，結論としてどのよ

うなものでも（これはあらゆる嘘をふくむ）得られる」．
というのです．ここでいう矛盾とはさきほど述べた矛盾律
に違反することがらであります．これは大変なことです．
ただ1つだけ嘘をつけばどんな嘘でもつけるといってよい
わけですから．

数学が正しいとは

誤った推論というものは，大変なものだということは一
応おわかり願えたと思いますが，しかしどうしたら，数学
が正しいということを判定できるのでしょうか？ この問
題は必ずしも上のことで解決しているわけではないのです．というのは，上の前提や推論，あるいは"ごまかし"
というものは意味というものをまったく忘れさっています．ただ最後の数にキリストと私という意味をいれただけ
です．

一般的に数学で正しいということは，上のような形式の
問題と意味の問題と両方が関係してきますので，もう一
度，数学が正しいとはどういう意味かということを問いか
えさなければならないでしょう．

この問いは大変むずかしく，一言でいえば，
「数学において，何が厳密であるかという厳密な定義
はない」．
というのが実状であります．

ここではこの問題に対して現在の数学者がとっているいく
つかの態度を紹介することにしましょう．

1つの代表的な立場は「公理主義」の立場でありまして，これは純粋に形式的であります．もう1つが「実在主義」または「プラトン主義」といわれるもので，第3のものは「経験主義」ともいうべきものであります．この分類の仕方は現代フランスの数学者ルネ・トムによるものです．

公理主義の立場

まず最初の公理主義の立場から説明し，それについての批判をいたします．今は中学校の教材で「図形」という名になっていますが，昔は「ユークリッドの幾何学」というものを教えられました．それは図形，3角形，直線，円などについての勉強ですが同時に，今の2年生ぐらいで教えられる「図形の性質の論証」の部分を図形を材料にしてくわしく述べたものであるともいえましょう．そして1つの，図形をとりあつかった整った学問の体系になっています．

ユークリッドの幾何学では，今の中学生が1, 2年で習う「図形の基本性質」にあたる，誰にでも納得できる，図形[1]

---

1) 最近の数学史家の研究によれば，ユークリッドの公理というものは，ユークリッドの幾何学そのものが，その時代までにおこなわれた数や図形に関する論争を集めて系統的にしたものであるということです．この場合公理とは，2人の討論者が論争をはじめるにあたって，議論の出発点として，2人に共通に一応仮定して出発する議論の前提だったということです．したがって論争がすすんで矛盾が現われれば，この前提も捨てられることもありうるわけで，誰が見ても納得できるのを公理といってはいけないかもしれません．しかし論争の結果，矛盾があらわれず，残ってユークリッドにおさめられ出発点として採用されているものなのです．

に関する性質を「公理」といういくつかの文章にして,仮定しておきます.そしてこれらの性質から推論してたとえば,「2等辺3角形の頂角の2等分線は底辺に直交して,それを2等分する」などという「定理」が結論として出されるわけです.

そのときの推論のしかたは,前に述べた形式論理の1つの例であります.ただそのとき前に「前提」といったものは,ここでは3角形とか2等辺3角形だとかいうものの**定義**と,もう1つたとえば,「3角形の内角の和はいつも2直角である」とか「対応する2辺とそのはさむ角の等しい2つの3角形は合同である」という**定理**が前提になっており,この2つの定理と定義をつかって,たとえば,

「3角形 ABC は2等辺だから,

$$AB = AC$$

今2つの3角形 ADB と ADC をくらべると, AD という辺は2つの3角形に共通である.

ここで AD は ∠BAC の2等分線としているから,

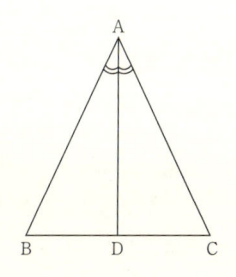

図 4.1

$$\angle \text{BAD} = \angle \text{CAD}$$

ここであとの方の定理をつかって3角形 ABD と3角形 ACD が合同，よって，

$$\text{BD} = \text{DC}$$

また，

$$\angle \text{ADB} = \angle \text{ADC},$$
$$\angle \text{ABD} = \angle \text{ACD}$$

前の方の定理を用いると，

$$2\angle \text{ABD} + 2\angle \text{BAD} = 2\,\text{直角}$$
$$\angle \text{ABD} + \angle \text{BAD} + \angle \text{ADB} = 2\,\text{直角}$$

ですから，

$$\angle \text{ADB} = \angle \text{ADC} = \text{直角}」$$

と結論できます．これは1つの新しい定理です．

つまり，定理は定義と公理から，または上のように既に証明されている定理から論理的推論によってみちびき出されたということになります．ユークリッドが書いた原本では定義というものがはじめに書かれていて，点，線などはこれこれこういうものであるということまで述べているのです．たとえばその1巻では，定義1「点は部分をもたないものである」，定義2「線は幅のない長さである」といった定義が23個もあって，点，直線，平面，平行などを定義しているわけです．そしてその上に公準とよばれる公理とおなじような5つの基本的性質，たとえば「1つの点から他の点に直線をひくことができる」とか，「それをさらに延長できる」とかいう，ほとんどだれが見ても直観的に納得

できることをならべ，さらにもっと原理的な5つの公理，たとえば「同じものに等しいいくつかのものは互いに等しい」とか共通の原理的なことがらを述べております．

そしてこの23の定義と5つの公準と5つの公理とから，38ステップになるような推論のくさりをつなぐことによって，先にのべた「2等辺3角形の頂角の2等分線は底辺を直角に2等分する」という定理を証明しているのです．

しかしここに疑問がわいてきます．このやり方のもととなった5つの公準のすべてが必要なのでしょうか？　そのうちの4つまでは仮定するとして，他の1つはその4つからみちびき出されないか？　という疑問です．そうできれば公準は4つに節約できます．特にそのうちの1つ：

「1点と1直線があたえられたとき，その1点を通って，あたえられている直線に平行な直線はただ1つである」．

という公準（「平行線の公準」とよばれる）については，それを他の4つの公準から証明しようという努力が多くの数学者によって試みられましたが，それらはすべて失敗におわりました．

とともに，他の4つの公準はそのままにして，平行線の公準だけをこれにかわる別の公準におきかえた（もちろん他の4つとは矛盾しないもの）新しい幾何学がなん人かの数学者，リーマン（1826-66），ガウス（1777-1855）およびロバチェフスキー（1793-1856），ボヤイ（1802-60）などによってつくられたことは有名なことであります．

19世紀のおわり，ドイツの有名な数学者ヒルベルト (1862-1943) は，ユークリッドの幾何学を整理しました (『幾何学基礎論』1899年).

まず，さきに述べたユークリッドの点，直線などの定義をあらためて，内容の説明なしのそれぞれ異なる集合として定義しました．たとえば，次の3つの異なる集合を考えるということであります．第1の集合を点とよぶ，第2の集合は線とよび，第3の集合を平面とよぶというわけで，それぞれの内容あるいは意味というものはあたえていないので，無定義語とよばれています．ヒルベルトによれば，それでも，この3つの集合について，いくつかの公理をあたえれば，それだけで1つの幾何学が出来るというわけです．

このヒルベルトの場合，公理というのは，ユークリッドのときのように誰にでもあきらかな真理ということはいえなくなって，無定義の構成要素，点，直線，平面というものから出発して，それらの相互関係を規定しているものにすぎないのです．

そしてこのような必要最小限の公理のいくつかをもちいることにより，形式論理だけを用いて，いくつかの定理が得られます．それはユークリッドのときと同様なのですが，この場合，出来上がった理論ははじめに点，直線，平面ということばを用いたので幾何学とよばれますが，それはわれわれの日常生活からはかなりかけ離れた幾何学が数学者の頭のなかに成立します．しかし，この章ではじめに

述べた意味では正しい数学が出来上がっているのです．

　もう少し具体的に出来上がった幾何学の様子を知るためには，はじめの無定義な点，直線等に具体的意味をあたえてみればよいわけです（このことを推論をつづけているあいだには変更することは禁止です）．

　以下に述べるものを有限幾何学といいますが，その一例を見ましょう．下の図 4.2 で，点というのは図の 7 つの点，A, B, C, D, E, F, G としましょう．

　ヒルベルトの公理のうちの最初の 3 つ：

① 2 点をむすぶ少なくとも 1 つの直線が存在する．

② 2 点について，これらをむすぶ直線は 1 つより多くない．

③ 1 直線上には少なくとも 2 点が存在し，一直線上にない少なくとも 3 点がある：

をみたす点と直線からできる幾何学です．この幾何学では点は上に述べたもの，直線は，

(AEB), (AGD), (AFC), (EGC), (BGF), (BDC), (EDF)

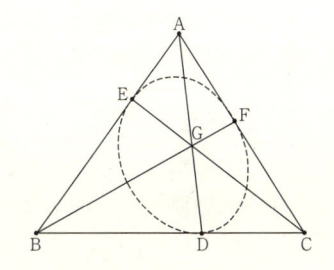

図 4.2

の7つです．これらは上の①,②,③をみたしているわけです．

(EDF) はふつうの幾何学では曲線にしかできませんが，この小さい幾何学では直線にかぞえます．たしかにわれわれの直観とは反しますが，これでも3つの公理から出発した正しい幾何学なのです．

公理主義ということばは，ヒルベルトのこの『幾何学基礎論』から出来上がってきた1つの数学の立場です．いくつかの公理から出発するがその意味は考えないで，有限回の推論をくりかえしてつくられるくさりの最後に結論としての定理が出てくるもの——これが数学だ，というのが公理主義の立場です．したがってそれが正しいとは，この節のはじめに述べたようにきめられた手続き以外のこと，つまり同一律や排中律，矛盾律に違反しないでこの手続きが遂行されたならば得られた定理は正しいということがいえるのです．

逆に1つでもきめられた手続き以外を用いたりした場合にその証明は"あやまり"であるといわれます．たとえばさきほどのユークリッド幾何学の例で，2等辺3角形の頂角の2等分線は底辺を直角に2等分するという定理を証明するのに，公理を正しく用いなかったり，あるいは変な見方をして等しくないものを等しくおいたりしたとき，その証明はあやまりといわれるわけです．

このような立場は現在の数学者が大部分とっている立場ですが，しかし数学がこれだけで正しいといえるのかどう

か疑問がでてきています．その疑問は次の2点に要約されます．

1. どうしてそれなら，数学が他の科学に用いられるのか．
2. もし公理から結論のでる推論のステップ数が，有限といっても途方もなく大きいものであったら，いったい誰がそこにまちがいを発見できるのか．

第1の点については後に述べることにしますが，1つだけ，上のような数学が意味づけをもって現実に接するのは出発点の公理のむれと結論の定理とであることを注意しておきましょう．それはこれらの公理あるいは定理の意味づけを通じてであることを知っておいてください．

第2の点についてはトムも注意していますが，もしこのステップがたとえきわめて初等的な推論ばかりからなっていると仮定しても，そのステップ数（推論の段階の数）がたとえば 10^{30} もあれば，ある計算機をもちいて数秒でできるかもしれないがそれで信用できるのか？　ということであります．ここまでくると数学者でこの答を信用する人は少ないでしょう．

実在主義の立場

第1の立場の公理主義についてはこのぐらいにして，次の立場にうつりましょう．それは実在主義の立場ともいうべきものです．

これは必ずしも，その名前のように数学の実際の意味だ

けを重んじる立場ではなく，むしろ現実を越えたところに数学を見ている立場です．

　数学の取りあつかうものは，たとえば自然数のようにまるで神がおつくりになったもののように人間から独立して存在している．人間であるわれわれは，そのほんの一部分しか見ていない．そこでその見えているほんの一部分から，われわれの目がとどかないかくされている部分を再構成していく作業——それが数学であるという立場です．

　たとえば1元1次方程式，
$$x-1=3$$
というのは，
$$x=4$$
と自然数の答がでますが，
$$x+3=1$$
については，もう自然数の答はありません．

　もし数の世界を負の整数までひろげておくと，
$$x=-2$$
という答がでます．こういうふうに，日常の世界ではほとんどが正の数の範囲ですみますが，日常の世界にはすぐにはでてこない部分にまで世界（ここでは負をふくめた世界）をひろげると方程式の答がでるというわけです．

　このことができるためには，今の場合，数の足し算とか引き算を負をふくめた数の世界までひろげておかなければなりません．このように構造をひろげておくことも数学者の働きなのです．これも数学の見方の1つです．

この場合，数学の正しさとは，はじめにあった狭い数学の世界は新しい広い方の世界でもその特別な場合として前のとおりの法則が成り立っていることが大切で，ひろげたあとも矛盾があってはならないのです．
　この場合には上のような拡張をやれば1元1次方程式は正負の整数の範囲で必ず答をもつ，というふうに論理の一貫性が得られます．このような論理の一貫性を「整合性」とよびます．第1の立場とのいちじるしい相違は，狭い方の数学の世界に現実の意味を否定しないことです．
　次に第3の立場を説明しましょう．

経験主義の立場

　この場合には，ある定理の証明が正しいと数学者が断定できるのは，その専門についてのその時代のいく人かの最大の数学者が正しいと認めていることに賛同するということであり，これは，君たちが，先生がこれはあっている，それはよろしいといったから正しいのだと思うのと似ています．
　たしかにたとえ数学者といえども，どの数学についても，すっかり証明を読んでいるわけではないし，また読めたとしても，たしかに今までにいったあやまりがないかどうか，判定する能力があるわけではなく，それができるのは少数のその定理の属している専門分野を専門に研究しているすぐれた学者たちだけなのです．だからその人たちを信用しようというわけなのです．少し心細いことですが，

実状はたしかにこの立場も大部分の数学者たちのとっている立場です．

以上３つの立場について述べましたが，それぞれに欠点をもちながら，今の数学者たちをささえていますし，すべての数学者がどの１つの立場に立っていうのでもなく，この３つを３重にもっているのが実状です．

数学の根幹をなす部分，つまり中学や高校で習う部分をふくむ部分はそんなにグラグラしたものではありませんから安心してください．といいますのは，このようにいろいろな立場はあるとしても，小中学校や高校で習う数学は，永い永い間，人類がつみかさねてきた経験によって支えられているものなのです．これは上の３つの立場を越えたところに成立している立場で，これは誰もが否定できないからです．

数学はなぜ論理的か

この章をおしまいにするにあたって，数学はなぜ論理的なのかということにもう１度感覚的な返事をしておきましょう．これは私の個人的な感じなので，まだ誰にも話していないことなのですが，数学のきちょうめんさ，または論理的であるということは，はじめに述べた数学の"あらさ"とちょうどつり合ってそのあらさを補っているのではないかということです．"あらさ"といったのは現実のものを映し出すものとしての数学についていったのですが，それだからこそ，現実そのものでないからこそ，それ自身に矛

盾があってはならないということではないでしょうか．ここで§1で述べた岡村先生の論理や約束を尊ばれた態度がもう1つ深くわかるような気がします．

そして，この論理というものが無限集合の大きさくらべのときに示したように，われわれの想像力を助けてくれているわけです．もしnという記号や，論理がなければ，自然数の集合と偶数の集合の大きさが等しいなどということはわれわれは想像できないのです．

次の章からもっとくわしく述べますが，数学は現実に対しては比喩の1つであるわけです．比喩は現実の象徴といってもよいわけですが，ここで私は，象徴ということばから，2度3度行ったことのあるフランスの田舎にあるシャルトルの聖堂をおもい出します．

このシャルトルはパリの西の方60 km程のところにありますが，パリを出てすぐ本当にひろいひろい麦畠がひろがっています．どんどん歩いていくとはじめて地平線のかなたに，はじめは針のようにこのシャルトルの聖堂の尖塔がみえます．そして，何時間も麦畠の中を歩いていくと，だんだん，この塔が高く大きくうつってきます．これは典型的なゴチック建築で，本当にしっかりした骨組みで，何かを暗示しているというか象徴しているように見えます．

おそらく，フランスのこの地方の農民たちは，この象徴を遠くから麦畠で見て，何かをさとっていたでしょう．こういうことから私は，比喩とか象徴とかは，現実そのものでないからこそ，その骨組みはしっかりしていなければな

§4 数学のきちょうめんさ——現代数学における3つの立場

シャルトルの遠望（著者スケッチ）

らないと思うのです．これが私の数学はなぜ論理的でなければならないかということについての個人的な答です．

§5 数学と世界のみかた

I 数学は何のためにあるか

ポアンカレのことば

20世紀フランスの数学者ポアンカレ (1854-1912) は,「数学とはどういうものか？」という問いの答として,「数学とは,異なったものを同じものと見なす技術である」といいきりました.

このことは,この本の§3「数学のあらさ」のところで述べたように,われわれが数というものをみとめて,これを使用する際にも,無意識のうちにやっていることなのです. つまり,カラスが3羽,スズメが2羽,合わせて5羽というときすでに,カラスとスズメというものを,異なったものでありながら同じものとみなして数えているわけです.

数学は何の役に立つか

それでは,こういう技術,数学が人生にとってどういう意義があるのか,それは何のためにあるのか？ ということが気になります.

ふついわれるのは，科学や技術は非常に多くの面で数学を基礎にして組みたてられている．その科学や技術が人の世の中をよくしていくのだから，したがって数学はこれらの科学や技術を通じて人間の世界に貢献しているのだということです．

　しかし，そうはいうもののまだなんとなく納得できないことがいくつかあるのです．それを挙げてみますと，
　1°　科学と技術をつくり上げるのに関係しない人の日常生活で生きて役立っているのは，足し算，掛け算，時に割り算ぐらいである．
　2°　科学と技術とが発展しすぎて，どこに数学が関係してどれだけ寄与したかは，それに従事している人ですらはっきりしない．

という2つの点から，数学が役に立つということを証明するのは，はなはだむずかしいのです．第2の点については，皆さんのまわりにいる科学や技術に関係している人に「数学はあなたの仕事に役に立ちますか」という質問をしてごらんなさい．実にさまざまな答が返ってくるでしょう．「いやー，あんまり役に立ちませんよ．もし数学の教えるとおりにやっていたら飛行機はとびませんよ」という答から，「いや絶対に重要で非常に役にたっている」というのまで，その答は本当に1つではないのです．しかしもし，あなたの質問を「数学はあなたのお仕事について重要ですか？」という質問にかえますと，答は圧倒的に「そうです」というのが多くなるはずです．それでわからなくな

るのです。「重要」と「有用」——どうやらこの2つの差，ここに何か説明のカギがかくされているようです．

このことは今の世の中で，考えるべきことです．なぜならば，はじめにいった，科学と技術の無制限な発達が必ずしも人の世を豊かにしないという反省が出て来ている今日このごろですから，それに関係して重要だといわれる数学についても反省しておくのは必要なことだと思われます．

数学と世界像

ここで私は，数学のもつ別の有効性について話したいと思います．私の考えるところでは「数学は世界のすがたを個々の人がその心のなかで描くのに役に立つ」ということだと思います．

こういうことはふつう日常生活では，その必要性をあまり感じないのですが，何か自分をとりまく周囲の人びとの間に意見のちがいができたとき，たとえば，みなさんの進学についての意見がお父さんとお母さんの間にわかれたときなどにそういうことがあるでしょう．いや周囲の人たちとの間でなくても，みなさんと周囲の人たちとの間で意見がわかれたときなど，いったい「自分とは何であるのだろう，この世界とはどういうものだろう」という疑問が心の中にわいてくるのではありませんか？

そんなとき，「自分はこの世界をこんなものだ」と思うということが心の中に1つの像として描ければどんなによいだろうと思いませんか？　このことが私のいう「世界のす

がたを心に描く」ということなのです.

簡単にちぢめたい方では「世界像」ということばを用いたいと思います. 数学がそんなことに関係あるというと, ちょっと突拍子もないことと思われるかもしれませんが, 実はこれは本当なのでして, 数学はそういうイメージを描くのに役に立つのです（もちろん数学だけが役に立つというつもりはありません）.

ここではこのことについて, ちょっとくわしくお話ししたいと思いますので, そのために２人の人物とその仕事のことに触れてみましょう.

II　ニコラウス・クザーヌス

クザーヌスの生涯と『無知の知』

ニコラウス・クザーヌスは 1401 年ドイツのモーゼル川下流地方のクースに生まれました（ニコラウス・クザーヌスとはクースから来たニコラウスという意味です）.

彼の場合にも問題はありました. 彼のお父さんヨーハンはその頃よくなりつつあった実業家で, 土地や船をもったお金持ちでしたが, 子供のニコラウスは勉強が好きで, 商売人になろうとは思いませんでしたから, 父と子の間は気まずくなるばかりでした. いい伝えによると, この父はニコラウスに食べるものもおしんで食べさせなかったというほどです. 想像するのにお父さんは, このニコラウスが自分の商売に何の役にも立たないと見て腹をたてたのでしょ

う.

あまりのひどい仕打ちにたえかねて，ニコラウスは近くの貴族の1人のマンダーシャイトのテオドール侯という人の保護に身をまかせたということです．この人が，ニコラウスをあずけてくれたのが，「共同生活の兄弟団」という一種の私立学校の寄宿舎で，そこに入れてくれました．

それからあとは1416年，15の年にハイデルベルクの大学，すぐ翌年にはイタリアのパドヴァの大学にうつり，ここで5年の修業ののち法律の学問で博士になり，そのころは中世からのつづきのカトリックの時代ですから，ドイツに帰ってカトリックの高い位の人の秘書となりいろいろな宗派の中での政争にまきこまれていきます．そしてやっと30歳のころキリスト教カトリックの坊さんの資格を得ております．

このころのカトリックというのは長い間の（今では中世といわれている）支配的な地位からすこしおとろえかかっていました．カトリックの最高の権威である法王は14世紀の初めにはそのころ勢力が高まったフランスの王様におさえられて，フランスの南のアビニヨンという町にうつされており，そのあと1378年から30年間はこのアビニヨンとローマとに2人の法王がいるというカトリックの大分裂の時代でした．

問題は法王についてでして，ヨーロッパのカトリックの人たちのうち法王に絶対の権威をみとめる「法王派」と，法王ではなくカトリックの教会の代表者からなる宗教会議

の権威を絶対と考える「会議派」の2つの意見が対立しておりました．

クザーヌスはのちにこの法王派に加わって法王のためにいろいろの働きをいたしました．特にトルコのために攻撃をうけていたコンスタンチノープルの教会をローマの教会に併合させるために1437年から1年間コンスタンチノープルに出かけました．その帰りの船旅の間に有名な『無知の知』という書物を思いついて書いたということです．

この本こそは，たいへんな本で，もちろんカトリックの神学の本ではあるのですが，その後の人類にとって，大変重要なものであったことが多くの哲学者によってたしかめられています．

たとえばこの本にある考えは，その後数十年たってでたコペルニクス（1473-1543），さらに100年ほどして生まれたブルーノ（1548-1600），それからガリレイ（1564-1642）（この人は18年もクザーヌスのいたパドヴァの大学におりました）などに影響を与え，その後の自然科学の大発展をもたらす出発点となったこれらの人たちの大発見「地動説」をこのときに準備していたのです．

わたしは，クザーヌスのこの本は自然科学のはじまりとして重要であるばかりでなく，「世界像」を数学でつくるということの非常によい例をあたえているように思います．それでこの本の内容をいくつかわかりやすくお話ししたいのです．この中には古代のアリストテレスまた中世のアウグスチヌスにつづいて近代でははじめてであったと思いま

すが，のちにお話しするように「無限」という考えがでてきます．

円，3角形，球はみな無限の直線とおなじ

それでは，この本のなかで，ニコラウスがいうことを，これはもちろん神のことが書いてあるのですが，できるだけそれを出さないようにして紹介することにします．まず，世のなかにはいろいろのものがあるが，1つとしてまったく同一であるものはない，ということ．

たとえばテープの一片をとって，物差しで3cmの長さのテープといって切りとってみてもほんとうに厳格な意味でそのテープの一片の長さは3cmあるだろうか？ どんなに注意深く切ったとしても人間がする限りわずかにしろ3cmより大きいか，小さいかになっているにちがいない．はさみではあまりにもあらすぎるからと，何か道具をつかって3cm切ってみても，少しだけ本当の3cmに近づくかもしれませんが，それでも正確かどうかわかりません．

こういうふうに本当のところは正確であるとおもっていてもそんなことは，それこそはかりしれないということに気がつくこと，これこそまず知るべきことであるというのです．ですからこの本の題は「無知であることを知ること」それこそが知であるというわけで「無知の知」と名づけてあるわけです．

この本のテーマである神についていえば，神（絶対の真理と考えてよい）を知るということは，神というものは本

当に人間の知る努力をいくらしても到達することができないものであって，そのことは上の3cmのテープの一片について人間が知っていると思うのと同じことであるというわけです．しかしこのようにいくらでも近いものを"同じものと見る"ことはわれわれの知恵でふつうやっていることであるとすれば，以下のような考えを展開することができます．

① 円は無限直線と同じものである．

証明をしてみましょう．無限直線というのはまったく曲がっていない直線のことです（現在の数学のことばでは直線というのはここでいう無限直線です）．円の直径はやはり曲がっていない線分ですが，円周は曲がっています．そして直径が大きくなればなるほど，円の曲がり方は小さくなっていきます．したがって直径がどんどん大きくなると円はますます曲がり方が小さくなって，しまいには肉眼では無限直線と区別がつかなくなります．このことはちょうど先にのべた3cmのテープの一片というのとまったく同様のことだというのです．このことを彼はごていねいにも図をつかって説明しています（図5.1）．

この図を一見すればすべての疑いはふっとんでしまうであろうというのは彼のことばです．つまり弧$\overset{\frown}{CD}$は一番大きい直径の円の弧ですから一番曲がり方が小さいのです．つまり弧$\overset{\frown}{EF}$よりも曲がり方が小さいことはあきらかです．さらに$\overset{\frown}{EF}$だって弧$\overset{\frown}{GH}$とくらべれば曲がり方が小さ

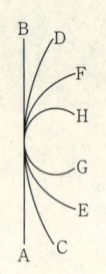

図 5.1

い．そうすると $\overset{\frown}{AB}$ というのは直径が無限に大きい（ここで彼は考えうる最大の直径といういい方をしております）．上の議論によって無限直線はまったくの曲がり方ゼロのものですが，これと曲がった円とは同一のものであることが証明されました．

② 無限直線は円でもあるが3角形でも球でもある．

下の図5.2でAはとめておいて図のようにBをCの位

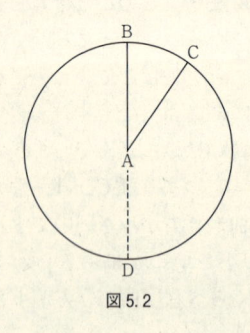

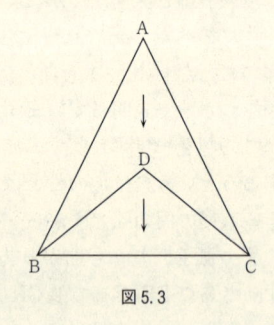

図 5.2　　　　　図 5.3

置まで動かします.

こうすると3角形ができます．前に円は直線とおなじといってありますからABCは3角形といってもよいでしょう．さらにBをそのAの対称な点Dまでうごかせると（もちろん円の上で）半円ができるので、それを空間的に、BDという線分を中心に回転させますと球ができます．こういうふうにすると、無限の直線ははじめの有限の線分をどんどんどんどんまっすぐに延ばしたものですから、

　　　無限の直線＝線分＝3角形＝円＝球

という奇妙な関係が証明されたことになっています．

さらに3角形については、図5.3のように3角形の高さをAからDへ下げてゆくとついにはBCは1つの角が2直角の3角形、つまりBCという線分になります．こういう意味でも3角形は直線になるわけです．

こういうことを、いっぱい書いてある本なのですが、第2部になりますと、いよいよわれわれが住んでいるこの世界（今のことばでは宇宙）はどうなのかということになります．

世界は無限である

上のように考えると、一直線はまた無限にちぢめることができますから、「1点」にちぢまったものにも等しいことになります．逆にいえば、この世にあるすべての図形は、1点から逆に展開してきたものであるともいえます．この

ことから，重要な結論がでてきます．

　上のような展開は神によってなされるし，神は無限の力をもっているからこの世界または宇宙は**無限**のものである．さきに述べた直径が無限大の大きな球のようなものである（これこそがニコラウスの世界像なのです）．しからばその中心はどこも定められない．

　このことは大変なことなのです．と申しますのは，そのころまでのカトリックの教義では，このことについては2世紀のころできたプトレマイオスの宇宙の像があり，それは地球が固定した中心であると同時に，宇宙はこれを中心とした大きな球で**有限**であると信じられておりました（天動説，恒星天）．

　ニコラウスのことばからは「いくつもいくつも中心があり宇宙は果てしのないもの」だということになります．まだいくつもの世界があってもよいことになります．

　このことはそれから200年ほどのあいだに天体観測の結果正しいことがみとめられるのですが，それまでにはコペルニクス，ブルーノ，ガリレイなどの人びとの努力があり，ブルーノのごときは，カトリックに反するものとして宗教裁判にかけられ，説をまげなかったために火あぶりの刑にされて殺されてしまいました．

　もちろん今までお話ししたことがすべて数学であるというわけではなく，むしろ神秘的な哲学の一種であるわけです．数学の一部である，点，直線，3角形，円などというも

のを用いて世界の1つの像がニコラウスによってつくられるところを見てきたわけです．近代に成立した自然科学的な世界像というものも15世紀には人間は1つの神秘主義哲学をよりどころにして，ようやく成立にこぎつけたということは大変面白いことだといえましょう．

すべての数は1から生み出される

もう1つ，おなじようなことですが，ニコラウスはこの本のはじめの方で，数についてもいっています．

さきに述べた1点からすべての図形が生み出されるように，すべての数（これは自然数）は1という数から生み出される．たとえば，1人の父から息子が生まれて父と子という2人になるように，2も3も4も，すべての数は1から生みだされていくのだということをいいます．彼によれば1は神なのです．

そして世界にある個々の物を考えると，それには，どの2つをとってもまったく同じものはないにもかかわらず，それはまたそれぞれ神のおもかげを宿した1つの神からつくられた，その意味においては同じものといってもよいものなのである，とこういうわけです．

Ⅲ　今西先生の世界像

『生物の世界』

ここで，あまりにむずかしいことをいっていると思われ

るかもしれませんから，1人の日本人のもっている世界像についてお話ししましょう．その人は生物の生活のさま「生態学」の専門家で，大きな仕事をされた今西錦司先生です．今西先生の『生物の世界』という本に，先生のもっておられる世界像がはっきりわかりやすく書いてあります．ちなみに学者でもこんなにはっきりした自分独自の世界像をもっておられて発表しておられる方は，日本では珍しいのです．はじめの部分をいくぶんちぢめて紹介しておきます．

世界という船

われわれの世界は実にいろいろなものから成り立っている．いろいろなものからなる1つの寄合い所帯と考えてもよい．ところでその寄合い所帯を構成しそれを維持し発展させていく上にそれぞれがちゃんとした地位をしめ，それぞれの任務を果たしているように見えるというのが，私（今西）の世界観（世界像）の根底をあたえている．

この世界が混沌としたでたらめなものでなく，一定の構造または秩序をもち，それによって一定の機能を発揮できるのは，この世界を構成しているいろいろなものが，お互いに他の存在とは何ら関係をもたず，ただ偶然この世界という船に乗り合わせたものではないからだろうと思う．それぞれが大なり小なり何らかの関係で結ばれているのでなければならない．

かりに1歩ゆずって，この世界は大きな船であったとし

ても，私は他の世界というものを知らないから，それを考えることができないので，他の世界から乗り合わせたものであるという考えはとらないとすると，このような船客（ここではすべての生物たち）はすべてはじめから船に乗っていたと考えるより他ないのではないか？

　つまり船の中で自然に発生したと考えざるを得ない．それにもかかわらず1等船客も2等も3等もそれぞれ過不足なしに乗りこんでいて，まるで切符を買って乗ってきたように見えるのも不思議である．それは切符を買って乗ってきた船客たちの間の関係以上に深い関係が存在しているのでなければならない．

地球の「成長」

　この世界，といっても私のいわゆる世界はもともと地球中心主義の世界である．これで世界をかりに地球に限定して，地球をさきほどの船にたとえてみよう．そうするとこの地球は船客をいっぱいにして航行している大きな豪華船にたとえられるというわけです．ところがこの船の建造に要した材料もまた他から持ちこんだものではなく，地球が太陽から分離して太陽のまわりをまわっているうちにいつのまにか乗客をいっぱいに満載した．今見るような大きな船になったということはまったく信じ切れないようなことであるにちがいない．

　しかしここで一応これを説明しておく必要がある．そのためにはこの地球の変化を，単に変化すると考えないでや

はり一種の成長とか発展としてみたいのである．もちろん1つの見方であって気にいらぬ人の賛成を求めるつもりはない．

　するとこの船つまり地球の成長の途中で，そのある部分は船の材料となり，船となっていったし，残りの部分はその船に乗る船客となっていった．だから船がさきでも船客がさきでもない．船も船客も元来１つのものが分かれて生まれてきたのである．

　それはしかもただ無意味に分かれてでてきたわけでなく船は船客を乗せるために船になり，船客は船に乗るために生まれてきたのである．船客のない船や，船のない船客というのも考えられない．

クザーヌスと今西先生

　あまり長くならないように今西先生のことばをここでちょっと一休みしたいと思いますが，ここで皆さんはニコラウス・クザーヌスが15世紀に書いていたことを思いだされると思います．彼の場合は逆に直線，3角形，円，球などをつぎつぎ変形して，すべて一直線，さらにそれは1点に帰るということを示し，逆にこの1点から，いろいろのもの，直線，3角形，円などが展開されるということを示しています．

　これはちょうど今西先生の世界像では船（＝地球）が船客とともに1つのものから分かれて生まれてきたこととほとんど同じことです．ちがいは今西先生は「船」というよ

うなことばでご自分の世界像をつくっておられますが，ニコラウスは数学の図形をつかって自分の世界像をつくったということです．もうすこし今西先生のことばをききましょう．

相異と相似

「私のいいたかったことは，この世界をつくっているいろいろのものが，お互いに何らかの関係をもってつながっているということの根本の理由を，このような構造も，はたらきも，要するに，もとは１つのものから分化し，生成されたものである，その意味で無生物も生物も，また動物も植物も，そのもとをただせばみな同じ１つのものに由来するというところにもとめているのである」．

さらにつづいて，

「さてお互いの関係といってもあんまりはっきりしていないがそれをくわしく説明するつもりだがその前にもう１つ根本的な問題に触れておきたい．さきにわれわれの世界は実にいろいろなものから成り立っているといったが，それはわれわれがいろいろなものを識別（区別）することができるからである．

しかしいろいろなものといったが，この世界には結局厳密に同じものは２つとないはずである．１つのものによって占有されたその同じ空間を他のいかなるものといえども絶対に占めるわけにいかないということは，空間をそれぞれ占有していることがそのものが存在をきめているととも

に，またそのことがものの相異を生んでいる原因でもある」．

「このように相異なるということばかり見ていけば，世界中のものはついにみな異なったものばかりということになるが，それにもかかわらずこの世界には，それに似たものが必ずどこかにみあたるものであり，<u>それに似たものがどこにも見あたらない</u>，すなわちそれ1つだけが全然他とは切りはなされた，**特異な存在である**というようなものが，けっして存在していないということは，たいへん愉快なことではなかろうか．

もしも世界を成り立たせているものが，どれもこれも似ても似つかぬ特異なものばかりであるならば世界はかえって『**構造**』を持たなかったかもしれない．またあってもわれわれの理解し得ないものであるかもしれない．

それよりもそんなにすべて異なっていたら，もはや異なるという意味さえなくなってしまっただろう．<u>異なるとは似ていることがあってはじめて</u>，その意味を持つものと考えられるからである」．

今西先生のお話はまだまだつづきます．あんまり長くなるのですこし簡単にして紹介します．この世界にはいろいろの異なったものがあるが相似なものもたくさんあります．このような相似と相異はもともと1つのものから分かれて出たという親と子の関係に似ている．子は親に似ているといえばどこまでも似ているように思われるし，異なっているといえばどこまでも異なるといえよう．

Ⅲ 今西先生の世界像（相異と相似）

　そして，われわれが物を識別できるということはあまり簡単なことではなく，似ているとか異なっているということがわかるのはこの世界の生成とともにわれわれにそなわった一種神秘的な力なのである，とまあこういうふうに語っておられます．

　こうやって書いてくると，前に述べたニコラウス・クザーヌスの考えと，いかにも，思いがけないほど近い考えであることがわれわれの心をとらえます．もちろんクザーヌスの場合は「神」ということばがでてきますが，そして「無限」ということばがでてくるのですが，このお2人はおよそ遠くはなれた2人の学者なのですがお互いにまったく無関係でありながら，共通の哲学をもっておられることになります．そして私にはこのように考えることが人間として相当自然な考えであるという感じがいたします．

　ニコラウス・クザーヌスも今西先生もそれぞれの比喩を用いてご自分たちの世界像をくみたてられています．そしてこの世界像がクザーヌスの場合は新しい自然科学という学問を生みだし，今西先生の場合も，多くの後輩たちが，生態学や文化人類学を発展させています．こうなってくると，数学というもの，ポアンカレのいう「異なるものを同じとみる技術」も，比喩をつくり，新しい世界像をつくるためになくてはならないものだと思います．このような数学のもつ有効さの一面は，今まであまり注目されていなかったのではないでしょうか？

Ⅳ　日本的な世界

　ちょっとついでなので，われわれのいる日本の文化についても考えておきましょう．

　いままで西洋と日本のお2人の世界像について説明してきたのですが，この2つについて，大変似かよっているところがあり，またちがうところがあります．たとえばニコラウス・クザーヌスの方には，神ということばがあり，さらに「無限」という考えがあります．神ということばは一応無視するとして，この無限ということは，なかなか，日本では発生することのむずかしかった考えなのです．

　日本人のふつうの考え方というものについて，ここでちょっと反省しておくのも必要ではないかと思います．

　私の思うのは，西洋人の考え方は視覚的でかつ開かれた感じがします．また日本人の考え方は触覚的でかつ閉じた感じなのです．

　たとえば，ここに古い10世紀頃のフランスでできた地図があります．ヨーロッパのフランスやイタリアなどのところはくわしくかいてありますが，そのまわりの国々は「未知の国」といった書きこみがしてあるだけで，何にもこまかいことがかいてありません．

　日本の地図にはこのようなものはまったくなくて，いつもはっきり国の名前が書いてあるわけです．

　日本では，むしろ空間的な感覚は「ウチ」と「ソト」という2つのことばであらわされすべてについて「ウチ」が

大切でこれは拡張していきますが,「ソト」はどうでもよくて知る必要さえないという感じではないでしょうか？ こういう意味で日本人の世界像はいつも閉じているということができましょう.

特にこのごろの日本の日常生活では,すべてがわかりきったようになってしまって,「未知なもの」とか「無限」とかは少なくとも何の関係もないというような感じが日本人の間にしみわたっています.

一方,数学はその正反対の考えの上に立っています.その数学を日本で学ぶということの意味は大変むずかしいことになってきそうです.けれどもやり甲斐のあることだともいえます.さきにいいましたように,われわれが数学を用いての世界像を,もし1人1人がつくったとしたら,それは,数学以外のものでつくった世界像よりも,便利な点があります.それは,数学はどの国の人にも共通でありますから,君のもっている世界像をそれが数学で書いてあれば,すぐに外国の人はわかってくれるし,そしてまた,その外国の人の世界像を君が数学をとおして理解することができるのです.

さきに述べたように数学以外の文化は,ことば1つとってみてもまるでちがいますが,それにもかかわらず数学は1つなのです.

実際にこういうことをしているのは,数学者といわれる人たちで,数学の論文の発表や,数学の議論を直接することによって外国人とおつきあいをしております.あまりく

わしい自己紹介をしなくとも，自分の書いた論文を名刺がわりにさし出せば，相手が近い専門の人であるかぎり，外国人はよく，その人の考えようとしていること，考えていることを理解してくれます．そしてさらにもし空想を許されれば，相手が火星人であってもこうなのではないでしょうか？

第2部　食うものと食われるものの数学

§6 対話とモデル
―― マルサスの人口論

数学的モデル

　数学は自然や社会で起こっている出来事を認識するのにもちいられる比喩の一種であり考え方のワクであるとわたしは思います．§4で述べた公理系でつくられるワクなどはその典型です．また工学や物理学などででてくることがらが，そのままでは複雑で，問題解決の手がかりが得られそうにないとき，ある程度それを簡単化して数学的モデルをつくり，この数学的モデルをしらべてから次に本物にとりかかるといった作業がよく行なわれます．

　なぜこのような比喩とか考え方のワクや数学的モデルが必要なのでしょうか？

　比喩とか「ワク」ということばを，広く一般に，2人以上の人間どうしの間での共通の理解をつくるための「共通の想像」といいなおしてみてもよいと思います．このことは，話を最も単純な場合に限って，人と人とが「対話」を行なう場合にも必要なことなのです．対話を行なっている2人の人間のうちの1人についていうならば，自分の主張していることを相手に説得するために2人の間の共通の前提としてのワクが必要なのです．§4, 52ページにギリシ

ャでは公理というのは論争をするために必要だったという注をつけました．そうとすれば，今いっているワクという意味もあったかもしれません．

マルサスとその時代

ここで1つの例をお話ししましょう．

ロバート・マルサスは1766年に生まれたイギリスの経済学者で，若いときは主として数学を学んだ人です．

この時代は啓蒙主義の時代と呼ばれているように，印刷術の発達などによって，一般的知識が人びとの間に普及しはじめた頃で，自然科学でもニュートンなどが大きな発見をした後ですし，政治の面ではフランス革命があって，人びとの間に共通の大きな問題として「人類はいったいこのさきどうなるのだろう？」という疑問が生じていました．

1798年，マルサスは1冊のパンフレットを名前を出さないで出版しました．これが有名なマルサスの『人口論』の最初の版なのです．

この本の序文で彼は次のようにいっています．

「この論文を書いた動機はゴドウィン氏の論文についてある友人[1]とかわした対話である．その対話での議論のなかで，人間社会の改善といった一般的なことが話題になった．私の主張したことを会話でつたえるより文章にしてはっきりした形でこの友人につたえたいというつもりで筆を

---

1) この友人とは彼のおとうさんだということです．

とったのだけれども、それまでは思ってもみなかったいくつかの考えが浮かび上がって来た。これほど一般的で興味のある問題『人類の社会は将来どうなっていくのか？』という話題については、あらゆる《光》が、それはほんのわずかな《光》でも素直に検討してもらえるであろうと思って出版することにした」.

　文中の《光》というところを《モデル》ということばにおきかえてみると彼の意図したことがよくわかります。つまり彼は、人類の社会がどのように変化していくかのモデルをつくろうとしたのです。このモデルにもとづいて人類の社会を改善するこころみをしようとするとき、その前途によこたわる困難な問題点を指摘することが出来たわけです.

　彼は彼の序文の終わりの方で、この論文が社会を改善しようとする有能な人びとの注意をひき、その結果、この理論に対して反論があって彼の指摘した困難点が除かれたなら、いつでも彼は彼の理論をひっこめるといっています。マルサスの理論とはどんなものなのでしょうか？

マルサスの『人口論』

　理想的な人間と社会との完成が可能であるかどうかについて、当時の思想家にいくつかの流れがあり、完成が可能であると信ずる人と信じない人がありました。まず、マルサスはこの議論をすすめるまえに、すべての推測のうち、正しい学問的根拠のないたんなる推測は考えに入れてはい

けない，といっています．

　たとえば，ある学者が「人間はどんどんかわっていって遂にはダチョウになるだろうと考えられる」というかもしれない，しかしこれには彼は反論をする必要もないというわけです．つまり反論をふくむ討論がなりたつためには，その学者は，人類の首は次第にのびてきていること，唇は次第にかたくなり，つき出してきつつあること，足は日ごとにかたちをかえてきていること，髪は羽毛の根にかわりはじめていることを示すべきである．これが示されるまでは，人間が飛ぶことも走ることもできる幸福な状態がおとずれるなどということは聞く必要がない．むしろ時間と弁舌の浪費である，とこういってます．

　さて彼の理論はどんなものでしょうか，上に述べたように理論は誰にでも明白なことがらによって支えられていなければなりません．彼はそのために次の２つの公準（公理といってもよいでしょう）をはじめにおきます．

　1°　人間の生存には食糧が必要である．
　2°　人間の男と女とは愛しあって子供がうまれるが，これはほぼ現在と同じ状態がいつまでもつづくであろう．

　この２つの公準が承認されたものと考えて，彼は何らかの原因でさまたげられない場合，人口は**等比数列**（幾何数列）的に増加し，それに必要な食糧などの生活物資は**等差数列**（算術数列）的に増加すると主張するのです．ここで順序が逆ですが等差数列，等比数列の順に説明しましょう．

等差数列と等比数列

ここで等差数列と等比数列について説明しておきましょう．

たとえば，ふつうの自然数の列のようなもの，

(1)　　1, 2, 3, 4, 5, …

および，

(2)　　2, 5, 8, 11, 14, …

は等差数列とよばれます．

なぜかといいますと，(1) ではつぎつぎ続いていく数の差はいつでも 1（あとの数からその前の数をひいたもの）ですし，(2) ではそれが 3 で，どこをとってもそのことがかわらないからです．別のいい方では，(1) は 1 ずついつも増していく数の列ですし，(2) は 3 ずついつもふえていく数列なのです．

一般に数列においては，1番最初の数を**初項**，2番目の数を**第2項**，3番目の数を**第3項**といういい方をします．等差数列はいずれにしてもどんどん，ただし規則正しく一定数だけふえていく数の列なのです．この一定数を公差といいます．

一方そういうふえ方でないふえ方があります．たとえば，ある細菌が 1 秒間に 2 つに分裂するものとすると，最初は 1 匹で 1 秒たてば 2 匹に，2 秒目にはその 2 匹の 1 匹ずつが 2 匹になりますから 4 匹になるわけです．そうする

と図6.1のような枝わかれがおこります.

各秒ごとの細菌の数を見ていきますと次の数列ができます.

(3) 　1, 2, 4, 8, …

また1回ずつの分裂が3倍のときは次の数列が得られます.

(4) 　1, 3, 9, 27, …

(3)とか(4)のような数列を等比数列といいます.今度はある項をそのすぐ前の項で割り算をしますと,(3)ではいつも2ですし,(4)ではいつも3です.これを公比といいます.(3)では公比が2,(4)では公比が3であるといいます.

(3),(4)のように公比が1より大きいときは,これらの等比数列は(1),(2)のような等差数列より,番号が大きく

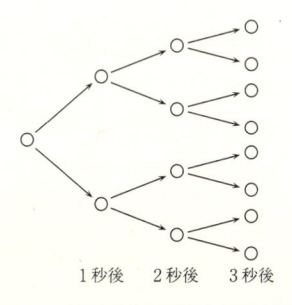

図6.1

1秒後　2秒後　3秒後

なりさえすればはるかに大きくなることは，番号を横軸にとって，縦軸に数列の値をかきこみますとグラフでよくわかります．

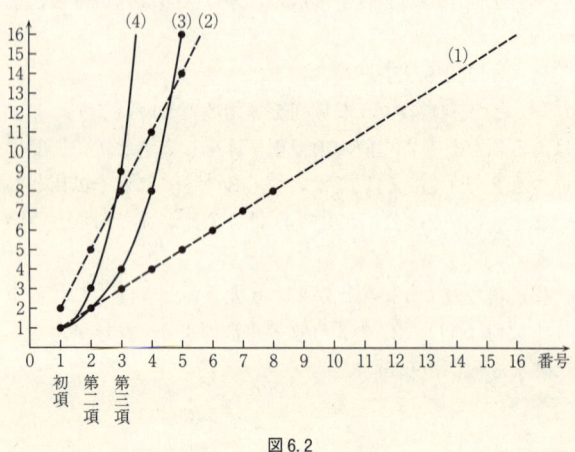

図6.2

人口の増加と食糧生産

ここでもとの『人口論』の話にもどると，マルサスは次のようにいっているのです．

「たとえば，純潔かつ素朴な生活のしかたで，かつ生活のための物資が豊富な，たとえば，その当時までのアメリカ合衆国などでは人口は25年ごとに2倍に増えてきていることがわかっている（これは前に述べた公比2で増える等比数列です）．

一方地球上の勝手な場所，たとえばある島を例にとって，その島が島民に提供する生活のための物資はどのように増加するかを考えてみよう．まず，この島の物資（食糧）の生産は考えられるうち最上の方針にみちびかれて農業を非常に奨励することによって，最初の25年には倍になったと仮定してみよう．次の25年に食糧生産が最初の年の4倍になると想像することはほとんど不可能である．

もしそう想像したとすればそれは，われわれの土地に関する知識に反している．つまり島であるから土地の広さは制限されているし，ふつう何年も続けて耕作すると収穫は逆に土地がやせるためにおちてくる．最大限の譲歩をしても，最初の25年とたかだか同量の供給量を供給できるにすぎないと考えられる．したがって，生活物資（食糧）供給量は大きく見積っても等差数列で増加するわけである」．というのがマルサスの説明です．

さらにこの考え方を推しひろげて，1つの島としなくても全地球ということで考えても同じでしょう．たとえばそ

の当時の全地球の人口を10億とします．これが25年ごとに見ていくと，公比2の等比数列で増加すると考えましょう．一方生活物資（食糧）の方ははじめを1として25年ごとに公差1の等差数列で増加するとして，2世紀と4分の1世紀つまり225年たつと，人口に対する生活物資の比率は，

$$512 : 10$$

となりますし，3世紀では，

$$4096 : 13$$

となるでしょうし，2000年もたったとするとこの比率はほとんど計算不可能となるだろうというのです．またこのことから人口の増加ははるかに物資（食糧）供給量の増加をしのぎ，人類は将来，深刻な物資（食糧）不足に直面するであろうというのです．

　これが，マルサスが最初に出した『人口論』のごく簡単な紹介です．はたしてこのパンフレットはすこぶる多くの人びとの注目をあつめました．というよりも物議をかもしました．はじめに意図されたように多くの学者の注目をひき，人口についてのいろいろの研究もはじまりました．

　もう少し内容を紹介しておきますと，上の説明に用いたモデルは少し極端ですが，実際にはどのようになっているかについてもマルサスは説明しています．上のモデルの欠点は，食糧のような物資が常に無限に増えることを可能と仮定しているところです．実際には困難は次のようにやってきていることをマルサスはくわしく述べています．

上のモデルのように生活物資（食糧）が増加しなくても，人口は一応増加するのですが，そのとき，以前には700万人の人を養った物資で750万人ないし800万人の人を養うことになり，人びとはきびしい困難に直面する．労働者の数はふえるので，労働のねうちはやすくなり給料は低下すると同時に食糧のねだんは高くなって，この困難はさらに増す．この間は結婚をすることにも困難がともない人口はあまりふえない．

ところがさらに土地が開かれ食糧の増加が可能になるとそこで再び人口の増加がはじまる．このあとはもう1度上に述べたことが繰りかえされる．このような前進後退運動のくりかえしが，いくつかの国でくりかえされていることは，いく人かの注意深い観察者によってみとめられている，とマルサスはいうのです．

彼はこのほかにも，もっとくわしい考察をいろいろの場合について行なっていますが，最初述べたモデルが基礎的な考えとして正しいことを示しているのです．

みなさんはこの例によって数学がどのようにして，モデルを通じて働いているかを，少しわかってこられたのではないかと思います．

以下の章ではマルサスのモデルをもうすこし現代の数学のことばをつかってあらわし，それがどのように発展したかをお話ししたいと思います．そこでももとになるのは等差数列と等比数列です．

§7　細菌の時間
　　——指数と対数

『特別阿房列車』

　ここではちょっと道草をして文学者の内田百閒さんの文章を読みましょう．『特別阿房列車』という小説の一部です．小説の主人公である百閒先生が何の用事もないのに東京から大阪まで汽車に乗って旅行するのですが，1人だけ山系さんという友達と東京駅のホームにきて，停車している列車のドアのところのステップに足をかけて，もう1人の見送りに来ていた椰子さんという人に話しかけます．

　「椰子さん，僕はいつも汽車に乗る時，さう思ふのですがね，汽車が走つてゐる時は，つまり，機みがついて走り続けてゐるなら，それで走つて行ける様な気がするのだが，かうして停まつて，静まり返つてゐるこれだけの図体の物を，発車の相図を受けたら動かし出すと云ふ，その最初の力は人間業ではなゐと思ふ」
　「先生は人が引つ張つて行く様な事を云はれますけれど」
　「だれが引つ張つても同じ事なので，気になるのは，動いてゐる汽車と停まつてゐる汽車とは丸で別物だと云ふ事です．その別々のものを一つの汽車で間に合はせると云ふ点

が六(む)つかしい」
　山系が愛想をつかした様な顔をして，
　「先生もうぢき出ますよ」と云ひながら，……

　ちょっと馬鹿馬鹿しいと思うかもしれませんが，すこしゆっくり考えてみると「とまっている汽車」と「走っている汽車」はちがっている感じもします．
　すこし細かすぎるかもしれませんが非常にきびしく検査したならば，とまっているときと次に走り出してからを検査すれば車輪のどこかはいくぶんすりへってちがうものになっているでしょうから，感じだけでなしに本当にもちがっているはずです．またいくつも途中でとまって，乗りおりのお客や貨物まで汽車の中につまっているものといたしますと，それは駅にとまるごとに変化しているはずです．
　この百閒先生の議論でいくと，東京駅にとまっていた汽車とそれが横浜駅まで来たものとはまるで別物のはずです．名古屋に来たのはまた別のもののはずです．だんだん変な気になってくるのですが，一方1つの汽車が名古屋までやって来るのだということも誰が見てもまちがいない話と思えます．
　こういう例はほかにもいっぱいありますが，中でも不思議なのは生物です．たとえば人間の体をつくっている細胞はどの瞬間にも絶えず，新しいものがうまれ，古いものは死んでいく．その大部分がいれかわるのは比較的短い間だということを聞いていますが，この場合は上の汽車のお客

さんにあたるのが細胞とすると，たしかに私たちの体は一定の期間の間にまるで別物になっていることもまちがいのない話です．

ところが一方，その私とよばれる1個の生物があって，そんなに変化していても1人の人間とよばれますし，1つ1つのこの人間というまとまりは何の何兵衛という名までついているわけです．まことに不思議なことといわなければなりません．

あまりこんなことばかり考えるとだんだん変な気持ちになってきますから，この辺でやめておきましょう．いいたかったのは，人間というものはすでに日常生活でもたしかに変化しているものを同一のものが変わっているというか，1つ1つ変わっているのだけれど，何かそれを1つのいい方で，たとえば百閒先生の話の中の汽車のようないい方でわかるという能力をもっていることです．

ポアンカレがいった数学の定義「異なるものを同じものとみなす技術」が成り立つ根拠も生物としてのこの能力にあると思います．

数列の書きあらわし方

さて，前の章でひきあいに出した数の列をつぎのようにもう一度書いておきましょう．ここでは初項を a_0 とかき，第2番目の項を a_1 とかくことにし，前に述べた数列にすこし補充した次のような数列を4つ考えましょう．

(1)　　$a_0=0,\ a_1=1,\ a_2=2,\ a_3=3,\ \cdots,\ \cdots$

(2)　　　$a_0=-1$, $a_1=2$, $a_2=5$, $a_3=8$, …, …

(3)　　　$a_0=1$, $a_1=2$, $a_2=4$, $a_3=8$, …, …

(4)　　　$a_0=1$, $a_1=3$, $a_2=9$, $a_3=27$, …, …

前にもすでにつかいましたが, a_3 のあとにつづく "…, …" はこのように変化しながらいつまでもつづくという意味の記号です.

ここでたとえば (1) の数列をみます. 初項は 0 でつぎつぎと 1, 2, 3 という具合に変わったまったく別物の数がでてくるのですが, これを 1 つの文字 n で間にあわせましょう.

n というのはかってな自然数の 1 つをあらわすことと考えてもよいし, 百閒先生の話のように n が $0, 1, 2, 3, \cdots$ とかわっていっていると考えてもよいでしょう.

こういういい方が許されるとしますと, 初項からかぞえて $n+1$ 番目の項は,

$$a_n$$

とかけます. これは第 $n+1$ 項ですし, 数列というものは (1), (2), (3), (4) のどれでも,

$$a_0, a_1, a_2, \cdots, a_n, \cdots$$

というふうに書けます. 別のかきかたもあって,

$$\{a_n\} \quad (n = 0, 1, 2, \cdots)$$

とかいてもよいわけです. この a_n を**一般項**といいます.

またマルサスのときに述べた (1), (2) の公差は (1) では,

$$a_n - a_{n-1} = 1$$

とかけますし, (2) では,

$$a_n - a_{n-1} = 3$$

です．この式は，

$$n = 1, 2, \cdots$$

のどれについても成り立つのです．一方 (3), (4) では公比が a_n を用いてあらわせます．(3) では，

$$\frac{a_n}{a_{n-1}} = 2$$

が公比ですし，(4) では，

$$\frac{a_n}{a_{n-1}} = 3$$

が公比となるわけです．

また，すこし見方をかえたいいかたでいいますと，どの数列についても，ある番号 n から次の番号 $n+1$ の項を計算する"しくみ"があたえられているといってもよいでしょう．

たとえば (1) の数列では 0 から出発してつぎつぎと 1 を加えていけば第 1 項（＝初項），第 2 項と計算できるわけです．(2) では −1 から出発して 3 を 1 つずつ加えていけば第 2 項の 2，第 3 項の 5 と順々に計算できます．さらに (3) では初項 1 から出発してつぎつぎ 2 を掛け算していけばよいわけですし，(4) では 1 から出発してつぎつぎ 3 を掛けていけばよいわけです．

このようにおのおのの自然数 n に対して a_n という数が対応していきます．

$$n \xrightarrow{f} a_n$$

これは 1 つの関数，n の関数 a_n なのです．

では a_n は n のなんらかの式であらわせるでしょうか？それもできるのです．つまり，それはさきほどいったつぎつぎ a_{n+1} を1つ前の a_{n-1} から計算するしくみをしらべることから，a_n が n のどんな式の関数であるかをきめることです．やってみましょう．その前にちょっと注意．

ここまでに述べたことをまとめておきましょう．われわれは変化する量を1つの文字で，たとえば数列 (1), (2), (3), (4) を a_n をつかって，また，さまざまな数 1, 2, 3, … を1つの文字 n をつかってあらわしたのです．これは大変なことなのです．

おそらくこのような記法は16世紀ごろにはじまったものと思いますが，ギリシャではすべての数学は静かに止まっているものの数学＝幾何学だけだったのです．われわれは変化するものをひとまとめにして1つの文字であらわすことをはじめたのです．

ところが日常生活ではこんなことを決してやらないかというと，むしろよくやっています．なぜなら日常生活の方がいっそう変化しているからです．たとえば，「ある喫茶店のお客」などといういい方はさきほどの n とおなじことで，毎日，各時間変化しているその店のお客をいいあらわすあのやり方なのです．もちろん百閒先生の文章の中の汽車と「あの店のお客」といういい方はちょっとちがいますが，いずれもよく注意して見ると刻一刻変化しながら，しかもある期間通して眺めてみると同一なものでありうるという1つの例になっているわけです．

そしてこういうもののもとには，それを眺めている人間または生物の目というものがあるのではないでしょうか．おそろしく変化しながらも，これほど同一性（1人の人間または1つの生物がどんなにかわっていっても同一の1人の人間であったり1つの生物であったりすること）が保たれているものも他にありません．

 ついでながら，あの店のお客も，汽車も，人間も集合としてはまったく不確定なもので，とうてい§3でお話しした意味での集合として数学でとりあつかえるものではありません．

 途中ちょっとよりみちをしましたが，(1) については n 番目の項はそのままです．(2) についてはどうでしょうか．すこし (2) をかきなおしますと，

$$-1, \quad -1+3, \quad -1+3+3, \quad \cdots$$
$$ \parallel \parallel$$
$$ 2 5$$

というふうになっています．第2項では3が1つ足され，第3項では3が2つ足されます．このようにやっていくと，$n+1$ 番目の項は，

$$a_n = -1 + n \times 3 = 3n - 1$$

となり a_n が n であらわされました．同じようにして，(3) の数列

$$1, \quad 2, \quad 4, \quad 8, \quad \cdots$$

については，

$$a_0 = 1, \; a_1 = 2, \; a_2 = 2 \times 2, \; \cdots, \; a_n = \underbrace{2 \times \cdots \times 2}_{n \text{ 個}} = 2^n, \; \cdots$$

となるわけですし，(4) では，
$$a_n = 3^n$$
ということになって，いずれも a_n が n の関数として式であらわせます．この関数のグラフが，前にマルサスのところで見たグラフなのです．

アイルランドのジョーク
時間とはなんだろう．

アイルランドはイギリスの西にある四国ぐらいの大きさの島で，多くのカトリック信者がいます．そしてこの島の周囲にはいくつもの小さい島があって，その岸辺には昔からカトリックの修道者がかくれて住んだ場所があります．2人の修道僧がとなりあった2つの島にかくれておりました．2人がそれぞれの島に住みついてから20年たって，1人の方Bという修道僧はすこしさびしくなってもう1人のAという修道僧を訪ねました．

2人は10分間ほどおしゃべりをし，2人に共通の最近のニュースについて情報を交換して別れました．それから15年たって，Bという修道僧はAともうすこししゃべりたいなと思ってもう一度Aの住居を訪ねました．

BがAの1人ぐらしの住居に入ると，Aはニコニコと迎えて，たずねました．

「何かお忘れものですか」．

時間というものは，「出来事」があってはじめてその流れを感じるものなのです．

細菌の時間

まず前に述べた細菌のふえ方を別の見方をしてみましょう。細菌をちょっと人間みたいに，ものを感じたり考えたりするようにしてみましょう。

今1匹細菌がいます。1秒たてば2匹に分裂して細菌の人口は2になります。そのうち1匹は親と思っていいでしょう。もう1秒たてばそのそれぞれが倍になるわけですから4になるわけです。ここでもそのうちの1匹は親と思うと子供は第1回の分裂で1匹です。第2回の分裂では子供も親も親となるわけです。

セミなどの昆虫では，親は卵を生んでから全員死んでしまうのでこのように考えるのは無理ですが，細菌の場合は体が分裂するのですから，そのどちらかは親，もう一方を子と考えてよいでしょう。

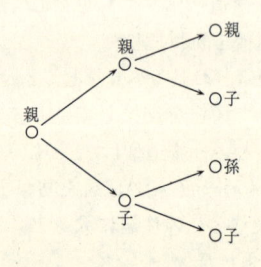

図7.1

こういうふうに分裂してゆく細菌のうち3代目まで来た親は，孫といっしょに生きているのだから時間がたったんだなあと思うのではないでしょうか。こんな感じをもうち

ょっと数学らしく書いていってみましょう.

なにしろ細菌自身は時計をもっていないのですから, 上のような感じから時間というものをつくっていくよりほかないのだろうと思います. つまり自分は自分の子孫の何代目といっしょにいるかでもって時間を測っているのです.

このことをもうすこし, くわしく説明しましょう. 人間の場合, 子供ができるということは, 重大な出来事です. それによって時間を感じるのです. 生まれてから, 子供をつくるまでの間——ふつうの場合約 30 年ですが, これを 1 世代（ジェネレーション）というでしょう.

	親	子供	総細菌数	親1匹あたりの子供の数
初代	1匹	0匹	1	0
2代	1匹	1匹	2	1
3代	2匹	2匹	4	1
4代	4匹	4匹	8	1

表 7.1

上に述べた細菌は1秒ごとに2つに分かれるとすると1世代は1秒なわけですが, ここで次のような計算をしてみましょう. つまり各世代で親1匹あたりの子供の数はいくらかということです. さきほどの図をみてもらえばわかりますが, 表7.1のように計算できます. 前に述べておいた a_n というかき方をつかいますと,

a_n ： $n+1$ 代目の総細菌数

a_{n-1}： n　代目の総細菌数

この場面では a_{n-1} から分裂によって a_n にますわけですから, a_{n-1} が親の人口, a_n は分裂してからの親と子の数と考えられます. つまり,

$$a_{n-1} \quad :親の人口$$
$$a_n - a_{n-1} :子供の人口$$

したがって親1匹あたりの子供の数は,

$$\frac{a_n - a_{n-1}}{a_{n-1}}$$

となります. この数が表7.1の一番右に上からかいた数なのです. もちろん $n=0$ のときは特別で,

$$a_{-1} = a_0$$

と考えなくてはなりません. この場合を除外すれば,

$$n = 1, 2, \cdots$$

として,

$$a_n = 2^{n-1}$$

ですから上の数は (3) の数列,

(3) $\quad 1, 2, 2^2, 2^3, \cdots, 2^n, \cdots$

については,

$$\frac{2^n - 2^{n-1}}{2^{n-1}} = \frac{2^{n-1}(2-1)}{2^{n-1}} = 1$$

でいつも1なのです.

さてここで, さきほどの一番最初の1匹の親の気持ちを考えましょう. 自分が自分の子供の子供つまり孫といっしょにいる——ああ時間がたったな! という感じは, 実は上の数1を2つ足し算していることになります.

つまり，上の例では各世代における親1匹あたりの子供の数をつみかさね集めたものがちょうど世代の経過の数なのです．もう一度表にしておきましょう（表7.2）．こんどは最後の欄にこの1匹あたりの子供の数の"つみかさね"がかいてあります（累積した1匹あたり子供数です）．

	a_{n-1}	$a_n - a_{n-1}$	$\dfrac{a_n - a_{n-1}}{a_{n-1}}$	
	親の人口	子供の人口	親1匹あたり子供数	1匹あたり累積子供数
初代	1	0	0	0
2代	1	1	1	1
3代	2	2	1	2
4代	4	4	1	3

表7.2

このようになっていきます．面白いのは最後の欄はちょうど前にのべた (1) という等差数列です．そしてそれがちょうど世代の経過の数と等しいのです．

このようにすると時計がなくても時間がわかるわけです．つまり細菌の数のふえ方 a_n さえずっとわかっていれば，逆に上の最後の欄が1つの時間の経過を示しているわけです．——細菌時計というべきでしょうか？ この時間はだから，上のような細菌のふえ方に特有のもので，細菌時間とよんでもよいでしょう．たとえばふえ方を (4) の数列のように3倍3倍になるようなもので表7.3をつくりますと次のようになります．

	a_{n-1}	$a_n - a_{n-1}$	$\dfrac{a_n - a_{n-1}}{a_{n-1}}$	累積子供数
	親の人口	子供の人口	親1匹あたり子供数	
初代	1	0	0	0
2代	1	2	2	2
3代	3	6	2	4
4代	9	18	2	6

表7.3

　この細菌の集団がもつ時間は,前の(3)の場合の時間の経過の2倍で経過していくわけです.

　注意しておきますが,こんなふうにつくり出した時間をさらに一般化してまとめると,次のような特性があります.

① 生物が自分の子供をつくってふえていくことがもとになっている.

② 時間というものは個々の生物,個人について考えられるものではなく,自分が属している社会に関係があること(それは,ただ自分のつくった子孫の数を足しあわせるのでなく各世代で親1匹あたり平均をとっていること).

③ 自分が属している生物集団のふえ方に関係して早く経過したりおそく経過したりすること.

以上のような変な時間でして,たとえばこういう意味では結婚していない人には時間の経過はないと思ってもよいことになります.また一度にたくさんの子供をうむ生物に

とっては上の時間は早く経過するわけです．

こんどは，上の (3) または (4) の数列で増加する細菌の全細菌数の変化から上のような時間を計算するのを，グラフをつかってやってみましょう．はじめに (3) の増え方について，横軸に全細菌数，縦軸は親の数 a_{n-1} の逆数 $\dfrac{1}{a_{n-1}}$ をかきます．

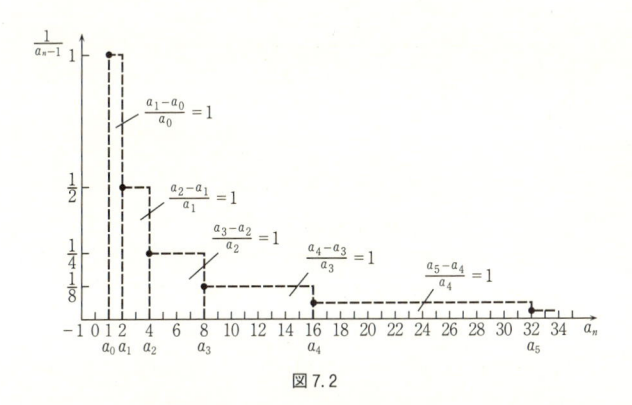

図 7.2

次にこのグラフであらわされる関数の累積つまり上のグラフの長方形の面積をつぎつぎ加えあわせたもののグラフ (図 7.3，破線) をかきます．横軸はいつも全数です．

このグラフのつかい方は，横軸の全細菌数のところ，たとえば 32 になっているところから上を見て，グラフ上の点の縦の目盛りを見ると経過した時間がわかるというしくみです．32 のときは 5 です．つまり，

図7.3

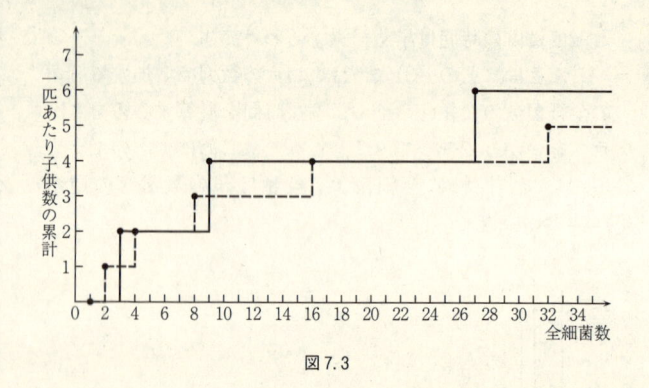

$$2^y = x$$

という方程式でxからyをみつけるグラフになっているわけです.面白いことには,xの方での公比2の等比数列(3)は,実はyの方ではちょうど(1)の等差数列に対応しています.

つまりわれわれは2つの数列(3)と(1)をむすびつける対応をつくりあげたのです.実線のグラフは(4)の3倍に増加する細菌のときの時間をしめすグラフで,それはいつも前の2倍にふえる細菌の場合の2倍の早さで時間がたってゆきます.

つまり(4)の数列に対応する等差数列は(1)の等差数列のすべての項が2倍になったものです.

こんなふうにして生物はそのふえ方に応じた特有の時間をもっているわけですが,それはポツンポツンと経過する

離散的な時間です．時の流れというものは，もっと絶えず流れるようにとめどもなく経過しているものです（時間の連続性）．またこのように生物のふえ方によって時間がちがうというのも不便です．標準的な時間はどのようにして上の考えからみちびかれるのでしょうか．

時のながれ——対数関数

上に述べた2つの問題，1つは時間が連続に経過するようにすることはどのようにすればよいでしょうか．それにはまず，

$$x = 2^n \quad (n は自然数)$$

のグラフ（図7.4）をなめらかな線でむすばなければなり

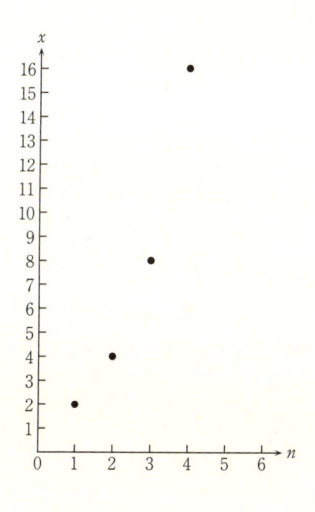

図7.4

ません.それをどうするかが問題です.そのためには n のところが小数や分数である場合,つまりある自然数 n とその次の自然数 $n+1$ との間にある場合,そのときは n とかかないで y とかきましょう.

$$2^y$$

で,しかも y がたとえば $\dfrac{3}{2}$ というもの,つまり,

$$2^{\frac{3}{2}}$$

のような数がきまらなくてはなりません. y が小数のときはすべて $10, 10^2, 10^3, 10^4, \cdots$ が分母の分数になおせばよろしいから,結局 m と n を自然数とすれば,

$$2^{\frac{n}{m}}$$

というものをきめる必要があるわけです.これは,

$$\left(2^{\frac{1}{m}}\right)^n = \overbrace{2^{\frac{1}{m}} \times 2^{\frac{1}{m}} \times \cdots \times 2^{\frac{1}{m}}}^{n} \quad (2^{\frac{1}{m}} \text{ を } n \text{ 回かけ合わせる})$$

と考えればよいとすると,結局,2^y で,

$$y = \frac{1}{m}$$

というようなものの値をきめなければなりません.これは次のようにきめます.

$$2^{\frac{1}{2}}$$

は,

$$2^{\frac{1}{2}} \times 2^{\frac{1}{2}} = 2$$

となる数，一般的には，

$$2^{\frac{1}{m}}$$

は，

$$\left(2^{\frac{1}{m}}\right)^m = 2$$

となるような数のことです．こうすれば y が自然数または有理数で正のとき，

$$2^y$$

がきまってくるわけです．こういうふうにすれば，たとえば，

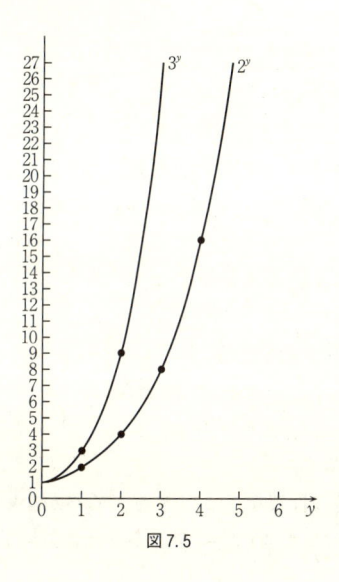

図7.5

のような有理数（nは自然数）のとき，
$$2^n < 2^y < 2^{n+1}$$
となることもあきらかです．このようにして，
$$x = 2^y$$
という関数がずっとつらなったなめらかなグラフとして書けるのです．これは先の2^nをつなげたものになっています．グラフでかくと図7.5のような連続したなめらかなグラフになります．

またおなじようにしてaを正で1よりも大きな数としたとき，
$$x = a^y$$
という関数を，横軸をyにして，なめらかにかくことができます．これはyが整数の値nをとるときにはa^nで，1匹がa個に分裂する細菌の数のふえ方もあらわします．ここでもう一度前の親1匹あたりの子供の数を計算しますと，
$$\frac{a_n - a_{n-1}}{a_{n-1}} = \frac{a^n - a^{n-1}}{a^{n-1}} = a-1$$
となります．前のときは，

$a = 2$　　のとき　　1
$a = 3$　　のとき　　2

となるわけです．

ここでa^yの性質をちょっと述べておかないといけないのですが，たとえば，2^yについていいますとy'を別の正の

数として，
$$2^{y+y'} = 2^y \times 2^{y'} \quad \text{(指数法則)}$$
となっています．これは y, y' が分数のときにも成立するのです．このことは，
$$y = \frac{n}{m}, \ y' = \frac{n'}{m'}$$
とおけば示すことができます．

$$2^{\frac{n}{m}+\frac{n'}{m'}} = 2^{\frac{nm'+mn'}{mm'}} = \left(2^{\frac{1}{mm'}}\right)^{nm'+mn'}$$
$$= \left(2^{\frac{1}{mm'}}\right)^{nm'} \times \left(2^{\frac{1}{mm'}}\right)^{mn'}$$
$$= 2^{\frac{n}{m}} \times 2^{\frac{n'}{m'}}$$

で示されるわけです．一般に，
$$a^{y+y'} = a^y \times a^{y'} \quad \text{(指数法則)}$$
であるわけです．

時の流れをなめらかにする

ここで前の，
$$\frac{a^n - a^{n-1}}{a^{n-1}}$$
のかわりに，
$$\frac{\dfrac{a^y - a^{y-h}}{a^{y-h}}}{h}$$

を考えて，h は勝手な数としましょう．そうすることは，

$$\frac{a^y - a^{y-h}}{a^{y-h}}$$

を時間間隔 h で平均したものです．これは1秒（単位時間）あたりの1匹の親からうまれる子供の数ともいうべきものです．

さきほどの計算規則をもちいると，

$$a^y = a^{y-h} a^h$$

ですから，

$$\frac{a^y - a^{y-h}}{h a^{y-h}} = \frac{a^h - 1}{h} \quad \begin{pmatrix} \text{単位時間あたりに生} \\ \text{み出される子供の数} \end{pmatrix}$$

となります．これが

$$a = 2 \quad \text{のとき} \quad \frac{2^h - 1}{h}$$

であり，

$$a = 3 \quad \text{のとき} \quad \frac{3^h - 1}{h}$$

です．また

$$a = 4 \quad \text{のとき} \quad \frac{4^h - 1}{h}$$

です．

ところで h がどんどん0に近くなったとき，この量 $\frac{a^h - 1}{h}$ が各瞬間ごとに1に近くなってくれると大変都合がよいのです．

というのは，h は時間が少しふえる h 秒だけということですが，もし上のことがいえれば，前のような時間のはかりかたから，

$$\frac{a^y-a^{y-h}}{a^{y-h}} \text{ の和} = h \text{ の和}$$

がほぼ保証されます．

　h の和とは微小な時間のつみかさなりですから，本当のわれわれの時間と，前に述べた生物的な（社会的な）時間，つまり子供のふえ方を基準にして考えた時間とが一致します．それは a をうまくきめることによってできるのです．それを説明しましょう．

　上に述べたことからもし，

$$\frac{a^h-1}{h} = 1$$

が成り立つこと（ただし h を小さくして）になればいいのですが，ためしに，

$$a = 2$$

のときと，

$$a = 3, \quad a = 4$$

のときをしらべましょう．

$$a = 2$$

のときは，

$$h = 0 \quad \text{か} \quad h = 1$$

のときだけです．

$$a = 3$$

のときは,
$$h = 0$$
があります.
$$a = 4$$
のときは,
$$h = 0 \quad か \quad h = -\frac{1}{2}$$
で成り立ちます.

その様子を次の図 7.6 のグラフで見ましょう. 横軸に h をとりましょう. そして a^h のグラフと $1+h$ のグラフの交点を見てとるのです. というのは,
$$\frac{a^h - 1}{h} = 1$$
は,
$$a^h = 1 + h$$
ともかけるからなのです.

2^h のグラフと $1+h$ の交点は図の A, B の 2 つですし, 4^h と $1+h$ の交点は A と C です.
$$2^1 = 1 + 1$$
および
$$2^0 = 1 + 0$$
また 3^h と $1+h$ の交点の 1 つは A で, それは,
$$3^0 = 1 + 0$$
です.

一般的に,

図 7.6　　　　　　　図 7.7

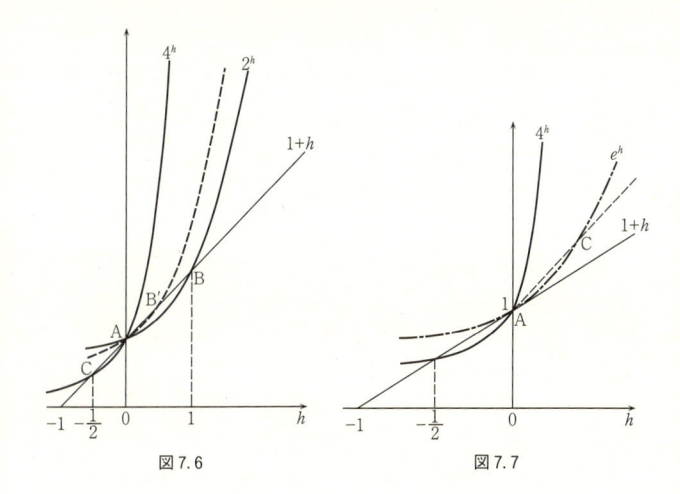

$$2 < a < 4$$

とすると，aを2から少しずつふやしていくとBはB′となり，Aに近づきます．そしてaが3に達するすこしまえで，実はB′，Aが重なるのです．つまり$1+h$をちょうど接線にもつようなaがあります．

このaの値は計算されていて一般的にeという文字を使ってかかれ，

$$e = 2.718\cdots$$

なのです．ここのところを拡大してかくと（図7.7），つまり$1+h$はe^hの接線（つまりグラフe^hの上にCという点をとったときCがグラフ上をAに近づいたとき直線AC

が近づく直線)になっているわけですし,これ以上 a が 3 に近づくとその a^h というグラフは $1+h$ と切れあって,3^h 上のときとおなじようになるわけです.このような値 e をとっておきますと,

$$\frac{e^h-1}{h}$$

は h が十分小さいとき 1 に近いといえるわけです.これは先にいった h が十分小さいとき,

$$e^h-1$$

は h に近いといえることと同じです.

いいかえれば,ある細菌が 1 秒間に,

$$e = 2.781\cdots$$

倍に分かれると考えると,十分小さい時間の間隔 h 秒について,ちょうど先の量(1 匹の親あたりの h 秒間にうまれる子供の数)がちょうど h 匹に等しくなる(近似的に)というわけです.このことを,

$$\lim_{h \to 0} \frac{e^h-1}{h} = 1$$

$\left(\lim\limits_{h \to 0}$ は h が 0 になったときの極限といいます[1]$\right)$

とかいてあらわすことにします.

---

1) つまり,次のような数の列がどんどん番号を上げていくと 1 に近くなるということです.

$$\frac{e^1-1}{1}, \frac{e^{0.1}-1}{0.1}, \frac{e^{0.01}-1}{0.01}, \frac{e^{0.001}-1}{0.001}, \cdots \to 1$$

対数関数

この生物について前の節で述べた時間を計算してみましょう．それが本当にわれわれのふつうにもちいている時間になっているかどうか？

まずはじめは 2^n や 3^n でやったのと同じものを考えてみましょう．縦軸には e^n の逆数，横軸に e^n をとります．

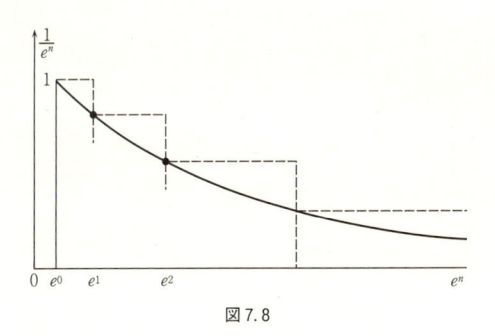

図7.8

これから先は分裂して1秒で e 倍になる細菌だけ考えます．まず時間が T 秒たったとします．1匹から分裂して T 秒たった細菌の全個体数は e^T になっているわけです．この T を p 個にわけて，

$$h = \frac{T}{p}$$

とします．p を大きくすれば h はいくらでも小さくなる数なのです．この h について前のような

$$\frac{e^{nh}-e^{(n-1)h}}{e^{(n-1)h}}$$

で，

$$n = 1, 2, \cdots, p$$

としたときのそれらの和をもとめましょう．それをグラフでいうと，

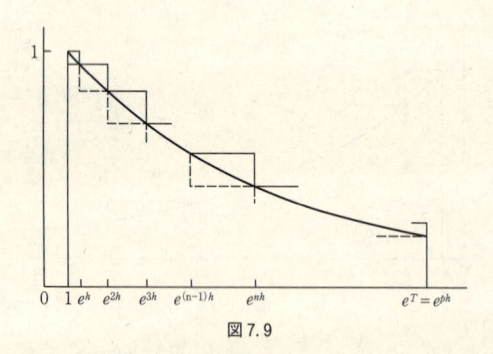

図7.9

グラフの外にでている長方形の和になって，それを計算すると，

$$\frac{e^h-1}{1}+\frac{e^{2h}-e^h}{e^h}+\cdots+\frac{e^{ph}-e^{(p-1)h}}{e^{(p-1)h}} = p(e^h-1)$$

となります．一方，グラフの内側にできた長方形の和は，

$$\frac{e^h-1}{e^h}+\frac{e^{2h}-e^h}{e^{2h}}+\cdots+\frac{e^{ph}-e^{(p-1)h}}{e^{ph}} = p\frac{(e^h-1)}{e^h}$$

です．

ところで図 7.9 のグラフで上の方が区切られ，横軸の 1 および e^T を通り縦軸に平行な直線と横軸とでかこまれた部分の面積 S は上のことから，

$$p\frac{e^h-1}{e^h} < S < p(e^h-1)$$

となっているはずです．ところが，

$$ph = T$$

ですから，

$$T\frac{e^h-1}{e^h h} < S < T\frac{e^h-1}{h}$$

となります．前に見たように，h をどんどん 0 に近くすると，

$$\frac{e^h-1}{h}$$

は 1 に近づき，e^h はもともと 1 に近づきます．両辺が 1 に近づくのに，S は h と関係のない数です．したがって，

$$S = T$$

とならなければならないのです．

つまり面積 S（各瞬間ごとに生み出される子供の数の総和）でもって時間 T をきっちりあらわしたというわけなのです．

そこで横軸の上の点の座標，これは 1 匹から分かれた全個数をいうのですが，これを x であらわします．さきほどは e^T までとって面積を計算して S とかき（図 7.10），これが T に等しかったのですが，x までの上の面積は x の関数

図 7.10

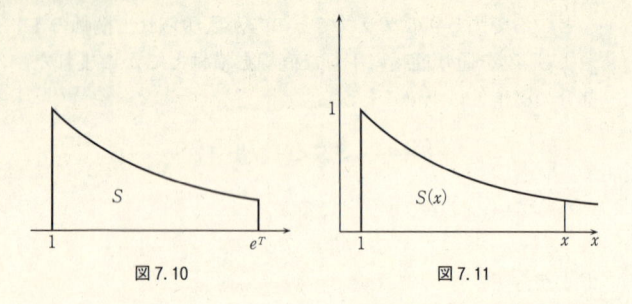

図 7.11

になります（図 7.11）．これを x の対数関数といいます．そしてこれを

$$S(x) = \log x$$

という記号であらわします．この関数は見てもあきらかに，

$$\log 1 = 0$$

という性質をもっています．1 匹だけではまだ分裂していないのだから 0 秒です．子供の数は 0 なのです．

また，もともと e 倍にふえる細菌を考えていたわけですから，

$$\log e = 1$$

です．さらにさきほど，

$$x = e^T$$

のとき計算した結果が

$$T = S(e^T) = \log e^T$$

であったわけですから，この対数関数は，

$$x = e^T$$

という関数を逆にといて T を x であらわしたものなのです．したがって，

$$x = e^T$$

なら，

$$\log x = T$$

となります．このことは，次のような対数関数の面白い性質をみちびくことになります．x, x' がともに正ならば，

$$\log(xx') = \log x + \log x'$$

なのです．これは，

$$x = e^T, \quad x' = e^{T'}$$

とすれば前にのべた指数法則，

$$e^{T+T'} = e^T e^{T'}$$

を逆関数 log をつかって書いたことにほかなりません．

§8 変化をとらえること

無限とは何か

この本のはじめに岡村先生が論理を大切にされ, "約束事を守る"ことを心をこめて実行されたことを書きました. 世の中ではすべてのことが変わっていきます. 岡村先生はそれを知っておられたからこそ変わらないことを大切にされたのです. そしてそれが現代の数学の1つの性格であることを§4で数学の「きちょうめんさ」として書いておきました.

しかし, いずれにしても, 世の中には変化するものの方が多いし, そしてこれを, その変化そのものを記録にとどめておきたいという人間の願望も古くから, おそらくギリシャやエジプトなどよりも古くからあると思われます.

たとえば数というものの成り立ちも, 動物たちの数の変化する様子からでてきたのではなかったかと思われます. 古代バビロニヤの粘土板には数字の2をあらわす記号としてまぎれもなく2匹の動物がならんで書かれています.

そうすると, われわれはむずかしい問題に直面しているわけです. 変わることをあまりこのまない数学をつかって, どんどん変わっていく世の中の現象を記述していかな

ければならないというわけです．これには何か工夫がいると思われます．そして，それができる秘密はやはり，数学自身の中にあるのです．

それは，数学のあらさのところでもいったし，§5でもいったポアンカレの意見，異なったものを等しいものと考える数学の自由さであり，それが歴史の流れとともにいろいろの形であらわれてきたのです．クザーヌスの15世紀の考えが，いまここでもう一度思いだされます．彼の意見は，

「本当にまったく等しいものなんて神様しか知りえない，無限に近いものがあるだけでそれは等しいものと考えてもよいだろう」という考えです．

近似，誤差，極限

もう一度，ギリシャの幾何学者にかえってみましょう．15世紀のクザーヌスとは大分ちがっています．彼らももちろん，円はそれに内接する多角形で近似できるということに注目していました．

つまり円は，内接する正n角形でもって，その辺の数nを無限に大きくすることによっていくらでも円に近づけることができることに注目していたのです．

図8.1

それでもギリシャの幾何学者たちは,「円は無限の辺をもつ多角形である」というようないい方は決してしませんでした.ここが 15 世紀のクザーヌスとギリシャの人たちとのちがいであり,クザーヌスの大胆さでもあるわけです.

　クザーヌスのあと,この方面の西洋での進歩はめざましいものがありました.たとえば 17 世紀,18 世紀には微分学,積分学などの発達にともなっていろいろな便利な記号が発明されました.そしてそれは特に「無限」に関して,でてきた記号であって,人びとはその便利さに酔ったようになってきました.

　たとえば,
$$0.3333\cdots$$
が $\frac{1}{3}$ をあらわすことなどで,4 つつづいた 3 のあとにつづく…は 3 がいつまでも無限につづくことを意味します.

　そしてもう少し具体的にはどんどん無限につづく割り算の例,
$$1 \div 3 = 0.3 \quad 余り \quad 0.1$$
$$0.1 \div 3 = 0.03 \quad 余り \quad 0.01$$
$$\cdots$$
であるわけです.あるいは数列,
$$0.3,\ 0.33,\ 0.333,\ 0.3333,\ \cdots$$
を一気にあらわしているともいえますし,このように変化しながらつづいていくものの無限につづいてしまったもの

をあらわしているともいえましょう.

この記号を無反省に用いるといろいろのことがでてきます.

$$0.3333\cdots$$

は,

$$0.3+0.03+0.003+\cdots \qquad (A)$$

ということですが,

$$1+1+1+\cdots \qquad (B)$$
$$1-1+1-1+\cdots \qquad (C)$$

というものを考えることはできるわけです. ところがこの (B) や (C) は (A) とちがって, (B) は 1 を無限に足してゆけばいくらでも大きくなり, (C) は 2 つの値を交互にとりつづけます. したがって, (B) や (C) は数としての意味はなくなるわけです.

それでは数を無限個足すことができるというのはどういう場合のことか? これについての正しい解答がわかったのはようやく 19 世紀になってからで, それはガウス, コーシー, アベルなどの数学者によるものです.

したがって面白いのは, 18 世紀の人は, ＋で無限に足すということがどういう意味なのかわからないでどんどん用いていたわけです. こういうことは人間の歴史の中にときどきあります.

彼らの考えに沿って (A) の方を解決しましょう. (A) の方が $\frac{1}{3}$ という数をあらわすというのはどういうことか

というと，

$$0.\underbrace{333\cdots 3}_{n個}$$

というのは $\frac{1}{3}$ の**近似**であって，$\frac{1}{3}$ とのちがい，これを**誤差**といいますが，

$$誤差 = \frac{1}{3} - 0.\underbrace{33\cdots 3}_{n}$$

は n が大きくなればなるほど小さくなるということなのです．これは次のように書くと判明します．

$$0.33\cdots 3 = 3 \times \frac{1}{10} + 3 \times \frac{1}{10^2} + \cdots + 3 \times \frac{1}{10^n}$$

$$= 3 \times \frac{1}{10}\left(1 + \frac{1}{10} + \cdots + \frac{1}{10^{n-1}}\right)$$

$$= 3 \times \frac{1}{10} \frac{\left(1 - \frac{1}{10^n}\right)}{1 - \frac{1}{10}}$$

$$= \frac{1}{3}\left(1 - \frac{1}{10^n}\right)$$

ここの計算は，あとで説明しますが，掛け算の公式：
$$(x^n - y^n) = (x - y)(x^{n-1} + x^{n-2}y + \cdots + y^{n-1})$$
を逆につかいました．

したがって上に述べた

$$誤差 = \frac{1}{3} - 0.\underbrace{333\cdots 3}_{n}$$

は，

$$\frac{1}{3} \cdot \frac{1}{10^n}$$

なのです．この量は n を無限大にすれば 0 になる量です．つまり式

$$\frac{1}{3} = 0.333\cdots$$

は，0.333…3 という小数にあとに 3 をたくさんつけくわえればつけくわえるほどよく $\frac{1}{3}$ を近似できるということをいっているにすぎないのです．したがって，現代の数学ではもちろん，

$$\frac{1}{3} = 0.333\cdots \tag{A}$$

という書き方もされていますが，もう少しくわしく

$$\frac{1}{3} = \lim_{n\to\infty} \underbrace{0.333\cdots 3}_{n} \tag{B}$$

と書き，$\frac{1}{3}$ は 0.333… の極限（limit）であるといいます．(A) は円は「無限の辺をもつ正多角形である」といういい方に対応しますし，(B) は，「円は内接および外接正 n 角形の辺の数をどんどんふやし無限にふやしたとき 2 つの正多角形にはさまれた部分の極限である」というギリシャ的なきちょうめんないい方に対応するわけです．

少しだけちがったいい方をすれば，

$$\frac{1}{3} - \underbrace{0.333\cdots 3}_{n} = \varepsilon_n \text{（イプシロン・エヌ）}$$

ε_n は上に述べた誤差で，実際の値もわかっていて，

$$\varepsilon_n = \frac{1}{3} \cdot \frac{1}{10^n}$$

なのですが，上の極限の意味は n が無限に大きくなったとき，この誤差が，

$$\varepsilon_n \to 0 \quad (n \to \infty)$$

となることを意味しているのです．

こういうふうにすれば，$\sum$（シグマ）という和の記号についても，それが無限の項をもちながら，つまり，無限に数を足していくことによって有限な値が得られることの説明もおなじようにできます．

$$A = a_1 + a_2 + a_3 + \cdots = \sum_{k=1}^{\infty} a_k \text{[1]}$$

はどういうふうに意味をつけられるかといいますと，上とほとんど同じで，

$$A - (a_1 + \cdots + a_n) = \varepsilon_n$$

とおけば，ε_n が n を大きくすればいくらでも小さくなるということです．

$$\varepsilon_n \to 0 \quad (n \to +\infty)$$

先に述べた limit の記号で書けば，もっと正確にこのことを，

$$A = \lim_{n \to \infty} \sum_{k=1}^{n} a_k$$

として表現するわけです．これは，

---

[1] 和の記号 $\sum$ は a_k を $k=1, 2, \cdots$ として足しあわせる意味です．

$$A = a_1+a_2+a_3+\cdots = \sum_{k=1}^{\infty} a_k$$

の意味するところをきっちりと述べただけであります.

無限小ということ

今までに述べた $\frac{1}{3}$ と $0.\underbrace{333\cdots3}_{n}$ との誤差

$$\varepsilon_n = \frac{1}{3} \cdot \frac{1}{10^n}$$

は大変重要なものなのです. つまりどんどんどんどん n がふえるとともに 0 に近づく量なのです.

たとえば前章でよくつかった等比数列の一例で, 公比が $\frac{1}{2}$ の数列があります.

$$1, \frac{1}{2}, \frac{1}{2^2}, \cdots, \frac{1}{2^n}, \cdots$$

この数列のあらわす現実の意味は, 最初の1だけのぞくと皆さんがこれに似たことは多分やったことがあると私は思います.

ジャムを 1ℓ, 台所のどこかにお母さんが入れておきました. 小さい子供がそれをみつけて, お母さんにわからないように最初の日は $\frac{1}{2}\ell$ ばかりペロリと食べてしまいました.

次の日にはすっかり食べるとみつかるので残りの半分つまり $\frac{1}{4}\ell$ 食べました. $\frac{1}{4}\ell$ 残っているのですが次の日ま

たそれを半分食べました.

このようにして n 日たべつづけるとジャムはどのくらい残っているのでしょうか.

これには計算法があります. 大変うまいのですが, つぎつぎに食べた量を足していきますと,

(1) $\quad \dfrac{1}{2}+\dfrac{1}{2^2}+\dfrac{1}{2^3}+\cdots+\dfrac{1}{2^{n-1}}+\dfrac{1}{2^n}=S_n$

です. これを S_n と書きました. 全体に $\dfrac{1}{2}$ をかけますと,

(2) $\quad \dfrac{1}{2^2}+\dfrac{1}{2^3}+\dfrac{1}{2^4}+\cdots+\dfrac{1}{2^n}+\dfrac{1}{2^{n+1}}=\dfrac{1}{2}S_n$

(1)−(2) を計算しますと,

$$\dfrac{1}{2^2},\cdots,\dfrac{1}{2^n}$$

までは左辺で共通にあって打ち消しますから, 結局,

$$\dfrac{1}{2}-\dfrac{1}{2^{n+1}}=S_n-\dfrac{1}{2}S_n$$

移項して,

$$\dfrac{1}{2}S_n=\dfrac{2^n-1}{2^{n+1}}$$

$$S_n=\dfrac{2^n-1}{2^n}$$

となります. したがって残りは,

$$1-S_n=\dfrac{2^n-2^n+1}{2^n}=\dfrac{1}{2^n}$$

です．したがって，もし無限に食べていくとどんどんどんどん 0 に近づくのです．もちろん食べかたによるのでして，たとえば次のように最初の日 $\frac{1}{2}$，次の日，

$$\frac{1}{2^2} = \frac{1}{4}$$

その次の日は，

$$\frac{1}{2^4} = \frac{1}{8 \times 2}$$

を食べるとしたらどうでしょうか．

$$\frac{1}{2}, \frac{1}{2^2}, \frac{1}{2^4}, \cdots, \frac{1}{2^{2n}}$$

とするとどれだけ残るのか？ やはり前とおなじように計算します．

$$S_n = \frac{1}{2} + \frac{1}{2^2} + \cdots + \frac{1}{2^{2n}}$$

$$\left(\frac{1}{2}\right)^2 S_n = \frac{1}{2^2} + \frac{1}{2^4} + \cdots + \frac{1}{2^{2(n+1)}}$$

$$\left(1 - \frac{1}{2^2}\right) S_n = \frac{1}{2} - \frac{1}{2^{2(n+1)}}$$

$$S_n = \frac{1}{2} \frac{1 - \dfrac{1}{2^{2n+1}}}{1 - \dfrac{1}{2^2}} = \frac{2}{3}\left(1 - \frac{1}{2^{2n+1}}\right)$$

となります．残りは，

$$1 - S_n = \frac{1}{3} + \frac{1}{3 \times 2^{2n}}$$

n を無限に大きくすると残りは $\frac{1}{3}$ です．ですからこのような食べ方なら残りがあるわけです（無限の日数食べても！）．ここで上にみた2つの数列を比較してみましょう．

(1) $\quad \dfrac{1}{2}, \dfrac{1}{2^2}, \dfrac{1}{2^3}, \cdots, \dfrac{1}{2^n}, \cdots$

(2) $\quad \dfrac{1}{2}, \dfrac{1}{2^4}, \dfrac{1}{2^6}, \cdots, \dfrac{1}{2^{2n}}, \cdots$

この数列のうち (2) の方がはやく0に近づくことは上のジャムの例でもわかるでしょう．そして (1) と (2) は初項はおなじで，無限につづくことも同じなのですが，(2) の方がはるかにはやく0に近づきます．

数学では前に，

$$1, 2, 3, \cdots$$

とふえるのを一般的に n とあらわしたように，このような無限に小さくなる量を小文字のたとえば h を1字もちいてあらわします．そして h は**無限小**の量だといいます．

(1) を h であらわしたとき (2) は h^2 であらわすのです．初項だけは (1) の初項を2乗して (2) の初項というふうにはなっていませんが，ここでは最初のいくつかの項はどうでもいいのです．番号 n が十分大きいとき (1) の項の2乗が (2) の項になっていれば，h^2 とあらわすのです．このとき (2) は (1) の「2次の無限小」ということになってい

無限小ということ

るのです．2次の無限小はもとの無限小よりはやく0になることをおぼえておいてください．

これは次のグラフでみるとよくわかります．ahというhの1次関数のグラフは原点を通る直線，bh^2というhの2次関数は原点を通る放物線です．a,bがどんな数のときでもhが十分小なところではbh^2がahの下にきます．

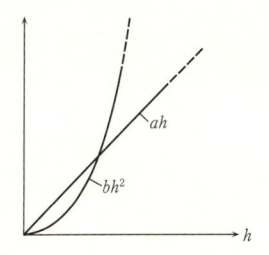

図 8.2

上のように番号nの関数でなしに連続的な変化で0になる無限小の量にわれわれはもう出会っています．それはe^tの逆数です．

$$\frac{1}{e^t}$$

はe^tの逆数ですが，tが無限に大となるとき，いくらでも0に近づく無限小の量なのです．このようなものも（というよりこのように連続的に変化して0になる量の方を）hであらわすのです．ほかにもあります．

$$\frac{1}{t} \quad \text{や} \quad \frac{1}{t^2}, \frac{1}{t^3}$$

なども
$$t \to +\infty$$
のときの無限小の量なのです．まとめておくと，無限小の量 h とは，なにかある独立変数（たとえば n，または t）の関数で，その独立変数がある値（ここでの例では $+\infty$ でした）に近づくとき 0 となる関数なのです．しかし通常はこの独立変数ははっきりおもてにあらわれないことがよくあります．これは，たとえば図 8.3 のような長さと面積がともに小さくなるときを考えましょう[1]：

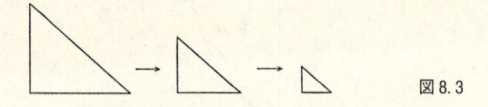

図 8.3

このように小さくなっていく，直角 2 等辺 3 角形の直角をはさむ辺の長さが h という無限小であったとします．そうするとこの 2 等辺 3 角形の面積はいつでも

$$\frac{1}{2}h^2$$

であらわされますから，h に対して 2 次の無限小になっているのです．このとき h がどのような変数のどのような関数として 0 となるかは論じなくても，面積の方は長さ h の 2 次の無限小なのです．

---

[1] たとえば机のすみにちょうど直角 2 等辺が残るように画用紙でおさえ，その画用紙をちょうど隅に向けて押し出していくと，残った 3 角形の面積は 0 に近づきます．

無限小の量の和

 無限小を足しあわせると有限の，0にならない量になることもあり，また無限小になることもあります．たとえば次のように，3角形のそれぞれの辺の中点をとって小さい3角形を2つつくります．

 長さは

$$AA_1+A_1M+MB_1+B_1B = AC+CB$$

です．同じことを3角形 AA_1M, MB_1B にやります．上のことはさらにつづけられて，折れ線

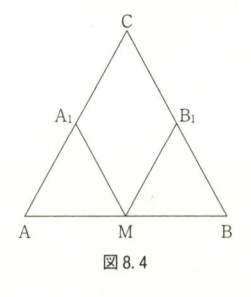

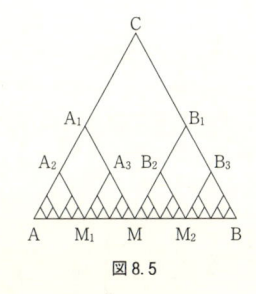

図 8.4

図 8.5

$$AA_2M_1A_3MB_2M_2B_3B$$

の長さはいつも

$$AC+CB$$

です．

　どんどんつづけていくことにすると，小3角形の1辺はそれぞれ無限小ですが，その和はいつも有限の

$$AC+CB$$

です．一方，面積の和はいくらでも小となる無限小なのです．

　このように，無限小の量の計算の規則ができるのです．

- 無限小の量の和は無限小かまたは有限または無限．
- 2つの無限小の量の積は一般に高次の無限小．
- 2つの無限小の量の商は無限小か有限とは限らない．

　この第3の部分から，次に述べるニュートンの見事な考えがでてくるのです．

　一口にいえば，ニュートンはこれらの無限小の比較をすることからすばらしい数学をつくり出したのです．それを少し具体的にお話ししましょう．

面積(積分)としての関数と微分

前の章で,対数という関数は個体数 y の関数であるというふうに説明しました.あのときのグラフを思い出しましょう.まず横軸に y をとって,$\frac{1}{y}$ の関数のグラフをかきます.ただし,
$$y = 0$$
ではこの関数は無限に大きくなりますから,
$$y = 1$$
からはじめましょう.

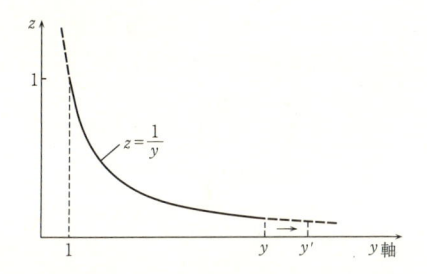

図 8.6

この前,対数関数としてつくったのは上のようなグラフ
$$z = \frac{1}{y}$$
の下,
$$y = 1$$
の直線の右,

$$y = y$$

という直線の左，y軸の上にある部分の面積を y の関数

$$S(y)$$

と書いて，それを y の対数関数といったことを思い出してください．y が y' の位置までいくと面積はふえます．したがって $S(y)$ は変数 y についての増加関数というのです．

ここで，ちょっと y を固定して，上に述べたグラフの下の面積とはなにかをしらべておきましょう．前にも述べたわけですが，今度は無限小ということばをもちいると一層はっきりわかります．y 軸上 1 から y までを m 等分いたしましょう．分割の幅はしたがって，

$$\frac{y-1}{m} = h$$

これは m をどんどん無限に大きくしていくとき，（前の節で述べた）無限小であるということができます（y は固定してあるのです）．ただしちょっと特別で，この無限小は m が自然数であればいつでも

$$mh = y-1$$

という関係をもつ，和は有限で無限小でないものです．そこで次のグラフで斜線をほどこしたところを考えます．y_1 は 1 から y までを h にわけた分割点の 1 つです．次の分割点は，

$$y_1 + h$$

面積（積分）としての関数と微分

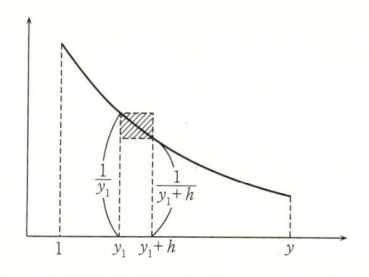

図8.7

この長方形で，底辺は h，高さは，

$$\frac{1}{y_1} - \frac{1}{y_1+h} = \frac{h}{y_1(y_1+h)}$$

でありますから，面積は2次の無限小

$$\frac{h^2}{y_1(y_1+h)}$$

になります．同じようなものを m 個つくってその和をとります．次の式はいつでも成り立ちます．

$$\frac{1}{y_1(y_1+h)} \leq \frac{1}{y(y+h)} \quad (y_1 \text{がどの分割点でも})$$

ですから，全部の和は次の量より小です．

$$\frac{mh^2}{y(y+h)} = \frac{mhh}{y(y+h)}$$

$$= \frac{(y-1)h}{y(y+h)}$$

この最後の量はやはり1つの無限小です．つまり分割をこまかく（$m\to\infty$）とすると上に述べた面積の和は0にな

図8.8

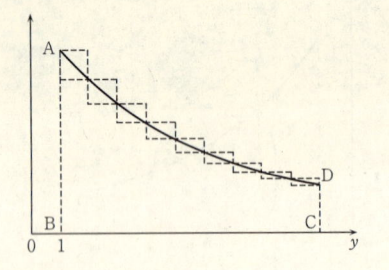

るのです．このことは，この図8.8でのABCDという一部が曲線の図形の，内側の部分にふくまれる長方形の面積の和と，それをふくむ長方形の和が，分割をこまかくするとどんどん接近することを意味します．両方がある値に接近するわけですが，それがわれわれがいっていた面積 $S(y)$ なのです．

このようにきめた面積が，前に述べた面積と等しいことがわかっています（それをきちんというのはむずかしいです）．面積についてはこれだけにしておきましょう．いよいよ，yを動かして$S(y)$がどうなるかをみましょう．yを無限小の量hだけふやしたとき$S(y)$はどれだけふえるかを，つまり

$$S(y+h)-S(y)$$

を問題にするわけです．さきほどと同じようにこれは，図8.9の斜線で示された部分の面積です．実はこれも無限小なのですが，hにくらべてどのくらいの無限小なのかをしらべます．

面積（積分）としての関数と微分

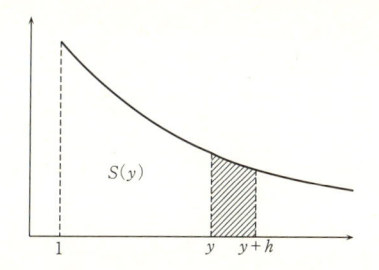

図8.9

このことは，$S(y)$ 自身のグラフを書いておくと便利です．2つならべて書きましょう（図8.10，図8.11）．

$$S(y+h)-S(y)$$

は図8.10では先の斜線の部分の面積，図8.11では縦の線分です．

次のような比を考えてみましょう．

$$\frac{S(y+h)-S(y)}{h}$$

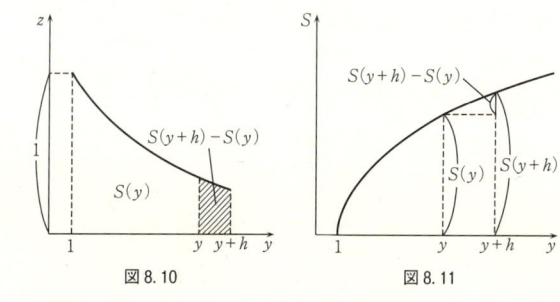

図8.10

図8.11

は図 8.11 では次の 2 つの数の間にあることは点線による長方形を考えるとあきらかでしょう（図 8.12）．

$$\frac{1}{y+h} < \frac{S(y+h)-S(y)}{h} < \frac{1}{y}$$

図 8.11 では，

$$\frac{S(y+h)-S(y)}{h}$$

は図 8.13 のように，A を通る，AB という直線と，A から y 軸に平行に引いた直線との勾配つまり，

$$\frac{\mathrm{AB}}{\mathrm{AC}}$$

この 2 つをあわせますと，

$$\frac{1}{y+h} < \mathrm{AB} \text{ の勾配} = \frac{\mathrm{AB}}{\mathrm{AC}} < \frac{1}{y}$$

となります．左の $\dfrac{1}{y+h}$ と右の $\dfrac{1}{y}$ は h が無限小ですから，0 に近づくと，一致します．これは図 8.11 での勾配が

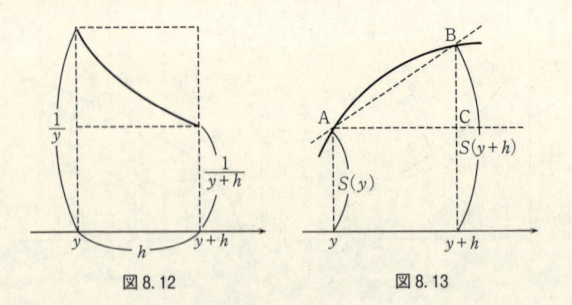

図 8.12

図 8.13

図 8.14

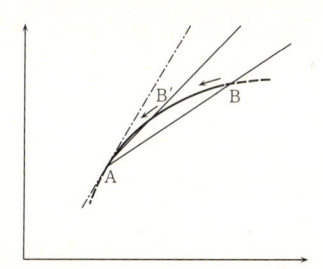

一定の値に,h を 0 にすると近づくことを意味します.実はそれが A における曲線への接線の勾配になるわけですし,接線の勾配を,

$$\frac{dS}{dy}$$

とあらわせば,それが上の $\frac{AB}{AC}$ の近づく値のことなのです.

その値も $\frac{1}{y}$ とわかっています[1].したがって,

$$\frac{dS}{dy} = \frac{1}{y}$$

上のことを一般に数学では(h を正も負も考えて),

$$\lim_{h \to 0} \frac{S(y+h) - S(y)}{h} = \frac{dS}{dy}$$

と書くことにしておけば,上の式の意味はよくわかるでしょう.これは,円とその接線を同じものと考えたクザーヌスの考えをもひきついています.

---

1) このことは,h を負にして,無限小と考えても成り立ちます.

注意　微分係数がいつもあるとは限らない

関数

$$z = f(y)$$

があったとき（これが，たとえ切れめなくつながるグラフのときでも），

$$\frac{df}{dy} = \lim_{h \to 0} \frac{f(y+h) - f(y)}{h}$$

がいつでもあるとは限りません．

たとえば，もし図8.15のような関数，つまり，y が 0 から 1 までは 1 で，1 から先は $\frac{1}{2}$ というような関数を前の $\frac{1}{y}$ のかわりに考え，先と同じようにグラフの下の面積の関数を $f(y)$ としますと，図8.16のようなグラフになります．

図8.16のように，1のところで折れた2つのつながった

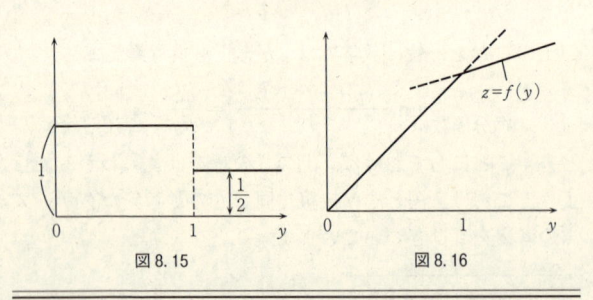

図 8.15

図 8.16

直線のグラフができます．1のところでは接線がありませんから，上のような極限はないわけです．$y=1$ では右からの

$$\lim_{h \to 0} \frac{f(y+h)-f(y)}{h} = \frac{1}{2}$$

は，左からの

$$\lim_{h \to 0} \frac{f(y+h)-f(y)}{h} = 1$$

とちがうからです．

　上のように関数 $f(y)$ に対して，

$$\lim_{h \to 0} \frac{f(y+h)-f(y)}{h} = \frac{df}{dy}$$

をもとめることを，関数 $f(y)$ を**微分する**といいます．そしてこの量

$$\lim_{h \to 0} \frac{f(y+h)-f(y)}{h} = \frac{df}{dy} \overset{(または)}{=} f'(y)$$

とあらわし，$\frac{df}{dy}$ または $f'(y)$ を $f(y)$ の微分係数と呼びます．このことばをもちいると，$\log y$ を微分して求めた，$\log y$ の**微分係数**は $\frac{1}{y}$，つまり，

$$\frac{d}{dy} \log y = \frac{1}{y}$$

といいあらわします．

この $\log y$ のように,おのおのの y についての微分係数がきまるとき微分係数はまた y の関数と考えられます.そんなときはこの関数をもとの関数の**導関数**というのです.したがって $\log y$ の導関数は $\dfrac{1}{y}$ なのです.また,今までに $\log y$ を $\dfrac{1}{y}$ からつくっていったように,導関数がわかっている関数のとき,もとの関数をもとめることを**積分する**とよびます.$\dfrac{1}{y}$ を積分したら $\log y$ がでるのです.はしがきで述べた,連続であるが,すべての点で微分不可能な関数のグラフを図 8.17, 18 に示します.

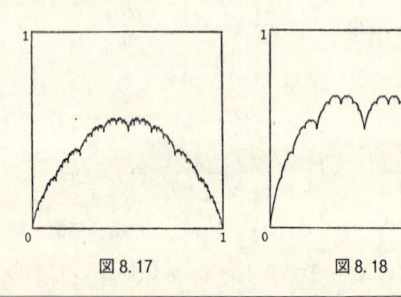

図 8.17   図 8.18

重要な注意

今まではある関数 $f(y)$ たとえば,
$$S(y) = \log y$$
を微分して導関数 $f'(y)$ （上の例では $\dfrac{1}{y}$）を計算することをやってきましたが, 逆に $f'(y)$ がわかっている関数（それを $\varphi(y)$ とでも書きましょう）で, そこから逆にもとの $f(y)$ を積分してもとめるとき, 答はいくつもあります！ そのことはたとえば $\dfrac{1}{y}$ の積分でもわかります.
$$S(y) = \log y$$
は図 8.19 のグラフの斜線の部分の面積でした.

これをちょっとかえて, 図 8.20 の斜線部分の面積 $S_1(y)$ で代用してみましょう.

$S_1(y)$ と $S(y)$ とのちがいは,
$$S(y) - S_1(y) = C$$
C の部分の面積を C と書きますとこれだけちがうわけ

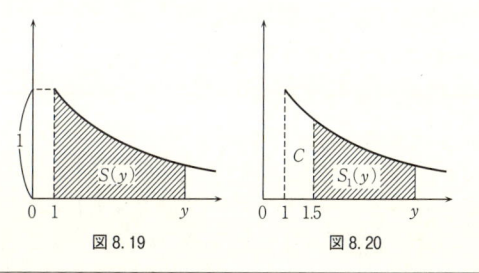

図 8.19

図 8.20

です．しかし，$S(y)$ の微分係数をもとめるときにいったことは，$S_1(y)$ についてもまったく同じように成り立ちますから，また

$$\frac{dS_1}{dy} = \frac{1}{y}$$

が成り立つわけです．そうすると $\frac{1}{y}$ を積分した答は2つあって，定数 C だけの差があります．C は何でもよいわけで，これはいつでも考えなくてはなりません．

上のことは，同時に，

$$f(y) \equiv C$$

という関数を微分すれば0ということを示しています．これは，

$$\lim_{h \to 0} \frac{f(y+h) - f(y)}{h} = f'(y)$$

ということからも直接わかります．なぜなら，

$$f(y) = C, \ f(y+h) = C$$

ですから，

$$f(y+h) - f(y) \equiv 0$$

だからです．

まとめると，

「いつでも $f'(y)=0$ であれば $f(y)$ は定数．

逆に $f(y) \equiv$ 定数であれば $f'(y)=0$ です」

なのですが，上の半分はのちにわかります．

簡単な関数の微分法,積分法

たとえば単項式
$$f(x) = x^n \quad (n \text{ は自然数})$$
については,$f'(x)$ は簡単に
$$\frac{f(x+h)-f(x)}{h}$$
をつくることによって計算できます.

$$\frac{f(x+h)-f(x)}{h} = \frac{(x+h)^n - x^n}{h}$$

因数分解の公式[1]:
$$A^n - B^n = (A-B)(A^{n-1} + BA^{n-2} + \cdots + B^{n-2}A + B^{n-1})$$
によって

$$\frac{f(x+h)-f(x)}{h}$$

$$= \overbrace{(x+h)^{n-1} + x(x+h)^{n-2} + \cdots + x^{n-2}(x+h) + x^{n-1}}^{n\text{個}}$$

右辺は h が小になれば nx^{n-1} になります.したがって,
$$(x^n)' = \frac{dx^n}{dx} = nx^{n-1}$$
であります.

ちょうど前に述べた定数は,$n=0$ のときにあたります.

最後に指数関数 e^x の微分はどうでしょう.
$$f(x) = e^x$$

---

1) 前の等比級数の n 項までの和の公式と同じです.

として，指数法則をつかうと，

$$\frac{f(x+h)-f(x)}{h} = e^x \frac{e^h-1}{h}$$

前の章で，

$$\lim_{h \to 0} \frac{e^h-1}{h} = 1$$

になるように e を定めたわけですから，

$$\lim_{h \to 0} \frac{f(x+h)-f(x)}{h} = \frac{de^x}{dx} = (e^x)' = e^x$$

となります．今までの整理をしておきますと，

(1) $\quad \dfrac{d}{dx} \log x = \dfrac{1}{x} \qquad (x > 0)$

(2) $\quad \dfrac{d}{dx} e^x = e^x$

(3) $\quad \dfrac{d}{dx} x^n = nx^{n-1} \qquad (n = 1, 2, \cdots)$

C を定数とすると，

(4) $\quad \dfrac{dC}{dx} = 0$

最後に一般的な法則をいっておきます．

もし，f と g の2つの関数の導関数をそれぞれ f', g' とすると，

(5) $\quad (f+g)' = f'+g'$

となります．

積分することの意味　その1

　微分係数を関数として見たもの，つまり導関数を知って，もとの関数をみつけることを，**積分する**というといいましたが，そのことからお話ししましょう．

　ある関数を積分しても，答はいくつでもあるといいました．つまりもしあたえられた関数を $\varphi(x)$ として，そのものを積分した関数が1つみつかったとしましょう．それを $f(x)$ とすれば，積分するということは各 x について，$\varphi(x)$ を微分係数としてもつような関数をもとめることでしたから，

$$f'(x) = \varphi(x)$$

ですが，

　　　　$f(x)+C$　　　（ここで C は勝手な定数）

もやはり積分であることにはかわりありません．C は勝手ですから答は無限にあるわけです．

　この意味では前の節の最後に整理しておいた表は，次のように書いておいた方がよいでしょう．

(1)　　$\dfrac{d}{dx}(\log x + C) = \dfrac{1}{x}$　　　$(x > 0)$

(2)　　$\dfrac{d}{dx}(e^x + C) = e^x$

(3)　　$\dfrac{d}{dx}(x^n + C) = nx^{n-1}$　　　$(n \geqq 1)$

(4)　　$\dfrac{dC}{dx} = 0$

(5)　　$(f+g+C)' = f'+g'$

ここで問題になるのは、どのようにしてこの C を定めるか？ という問題です。もちろん、$\varphi(x)$ がわかっていて、

「$\varphi(x) = f'(x)$ となる $f(x)$ をもとめること」

という問題について、$f(x)$ という未知の関数に何にもそれ以上の情報がなければ答は（つまり C は）定まりません。

前に $\log x$ についていったことを思い出しましょう。つまり、$\log x$ は $\dfrac{1}{x}$ という関数（これが上にのべた $\varphi(x)$ にあたる）のグラフの下の面積を 1 から x まで計算したものだったのです。

したがって、上のいいかたでいえば、未知関数 $f(x)$ で、かつ

$$f'(x) = \frac{1}{x}$$

をみたすもののうち、

$$f(1) = 0$$

という条件のもとにもとめた

$$f(x) = \log x$$

であるということができます。つまりこのとき

$$C = 0$$

なのです。このような未知関数 f についての

$$f'(x) = \varphi(x)$$

以外にもう1つの情報があって、はじめて、

$$\varphi'(x) = f(x)$$

の答 f が確定します。

積分することの意味 その2

いま $\log x$ を

$$\frac{df}{dx} = f'(x) = \frac{1}{x}, \ f(1) = 0$$

という式の答として出しました．しかしそれは，われわれが $\log x$ という関数を偶然知っており，それだからこそ答

$$f(x) = \log x$$

とでたのです．そして $\log x$ はどうして，出来たのでしょう．それは何度もいっているように $\dfrac{1}{y}$ を1から x までのグラフ下の面積として求めたことは前章でも述べました．つまり1から x までを h の幅で分割して，分割点をそれぞれ，

$$y_0 = 1, \ \cdots, \ y_n = x$$

とし，

$$\sum_{i=1}^{n} \frac{1}{y_i}(y_i - y_{i-1})$$

または，

$$\sum_{i=1}^{n} \frac{1}{y_{i-1}}(y_i - y_{i-1})$$

の和を考えたとき，h を0に近づけた極限が共通になる．その値を $\log x$ としたわけですが，上のような操作で得られたものであるということを明瞭に示すために，

$$\int_1^x \frac{dy}{y}$$

と書きます．この記号は上の和での：

$$\sum \quad \text{のかわりに} \quad \int$$

$$\frac{1}{y_i} \text{ または } \frac{1}{y_{i-1}} \quad \text{のかわりに} \quad \frac{1}{y}$$

$$y_i - y_{i-1} \quad \text{のかわりに} \quad dy$$

としたものですが，1から x までのグラフ下の面積を上のような和の h を小にしたときの極限値と定義し，

「1から x までの $\dfrac{1}{x}$ の積分」

といういい方をします．この記法とさきの積分とは調和しています．つまり1から x までの関数 $\dfrac{1}{x}$ の積分は，ちょうど前の意味の積分の関数 $f(x)$ のうちで，

$$f(1) = 0$$

という条件のついたものをもとめているにすぎないのです．

$$f(x) = \int_1^x \frac{dy}{y}$$

なのです．したがって，

$$\frac{df}{dx} = \frac{1}{x} \quad \text{かつ} \quad f(1) = 0$$

という問題を天下りでなく解く方法は次のとおりです．上の式を

$$df = \frac{dx}{x}$$

という形に書きます．そして，両辺のそれぞれでこれの解釈を x は1から x までをこまかく分けたものでおきかえ

ると，〜を近似的という意味にして，

$$\frac{y_i - y_{i-1}}{y_{i-1}} \sim \frac{dy}{y}$$

であり，f の方では

$$f(x_i) - f(x_{i-1}) \sim df$$

とおもい，今述べた積分を，右辺は 1 から x まで，左辺は，$f(1)=0$ から $f(x)$ までやりますと，

$$\int_{f(1)}^{f(x)} df = f(x) - f(1)$$

$$= \int_1^x \frac{dy}{y}$$

このように無限小の足し算としての意味を積分はもっているのです．

このようなやり方を式

$$df = \frac{dy}{y}$$

の両辺を**積分する**などといういい方で表現します．

上の記法は大変便利なものです．一般的には，関数 $\varphi(y)$ が A から B まで積分されたときの結果を

$$\int_A^B \varphi(y)\, dy$$

とあらわします．この値の意味はさきほどのように A から B を小区間 $y_i - y_{i-1}$ にわけて，

$$\sum_{i=1}^n \varphi(\xi_i)(y_i - y_{i-1}) \qquad \begin{pmatrix} \xi_i \text{ は } y_i \text{ と } y_{i-1} \text{ のどちら} \\ \text{かかまたは中間の値} \end{pmatrix}$$

の和を考え，小区間の幅 h を 0 に近づけたとき，一定の値に近づくならその値を上のように書き，$\varphi(y)$ の A から B までの積分といいます．この記号をもちいると，前に述べた微分係数がいつでも 0 であれば，もとの関数は定数となるということもわかります．その関数を $f(x)$ としますと，x と x' とはちがった値として，

$$f(x) - f(x') = \int_{x'}^{x} f'(y) dy$$

$$f'(y) \equiv 0$$

とすると，あきらかに

$$f(x) = f(x')$$

で，x, x' は任意でしたから $f(x)$ は定数なのです．

たとえば，

$$\varphi(y) = 1$$

ならば，分割 n 個なら，

$$\sum_{i=1}^{n}(y_i - y_{i-1}) = B - A$$

ですから

$$\int_{A}^{B} dy = B - A$$

なのです．われわれはすでに上に df についてこれをもちいました．

$$B = f(x), \quad A = f(1)$$

だったのです．

微分方程式

X を未知数として,
$$3X+2=5$$
という代数方程式を知っていると思います．このような X を求めるには，2 を右辺に移項して，3 で割れば未知数 X がいくらか答がでます．

同じように今までのことを整理しますと，未知の関数 $f(x)$ があって，その微分係数が $\frac{1}{x}$ だということがわかっています．方程式として書くと，

$$f'(x) = \frac{1}{x}$$

または，

$$\frac{df}{dx} = \frac{1}{x}$$

ですが，その他に条件として，

$$f(1) = 0$$

がわかっています．このような方程式を**微分方程式**というのです．

この微分方程式の解き方が前の節で述べた**積分**なのです．

この方程式を

$$df = \frac{dy}{y}$$

という形に書き，1 から x まで右辺を，左辺を $f(1)$ から $f(x)$ まで積分します．

$$\int_{f(1)}^{f(x)} df = \int_{1}^{x} \frac{dy}{y}$$

右辺は対数 $\log x$ の定義でした.左辺は前節の最後でいったように,

$$f(x) - f(1)$$

です.したがって,

$$f(x) - f(1) = \log x$$

となります.ところで

$$f(1) = 0$$

でしたから,

$$f(x) = \log x$$

となって,$f(x)$ が確定するのです.上の微分方程式と条件

$$f(1) = 0$$

をみたすものは,今までしらべた $\log x$ しかないことになりました.

自然にあるいろいろの現象は,瞬間的な法則であらわされます.その形は微分方程式である場合が多いのです.

最も簡単な例は等速運動で,1秒あたりの速度が $k\,\mathrm{cm}$ で一直線に進む物体の,t 秒間に進んだ距離を $x(t)$ と時間 t の関数で書きますと,

$$x'(t) = \frac{dx}{dt} = k \qquad (k \text{ は定数})$$

で,これは前々節の公式 (3) によれば $n=1$ の場合,

$$\frac{x(t)}{k} = t + C$$

です.

よって,時刻 $t=0$ における距離を 0 としておけば,
$$x(t) = kt$$
とふつうの比例による答がでてきます.

同じように,マルサスの法則も瞬間的増殖の法則とみなせば,

$$(*) \quad \frac{1}{y}\frac{dy}{dt} = k$$

と書けます.左辺の意味は §7 でくわしく説明したように,1匹の親あたりの子孫の増加速度です.もともとマルサスの法則によれば増加は指数法則なのですが,微分方程式の形では上のようになります.これを解いてみましょう.

$$\frac{dy}{y} = k dt, \quad y(0) = 1$$

と書きなおすと,まさに前にやったものです.としますと,1 から積分して,

$$\int_1^y \frac{1}{y} dy = kt$$

$$\log y - \log 1 = kt$$

つまり,

$$\log y = kt$$

逆関数だから,

$$y(t) = e^{kt}$$

なのです.

上のことは（*）という微分方程式と条件

$$y(0) = 1$$

をみたす法則は e^{kt} だけしかないということをも意味しています. だから（*）の微分方程式をマルサスの法則といってよいのです.

この例での

$$y(0) = 1$$

も, 1つ前の例での

$$x(0) = 0$$

などのように, 未知関数のある時刻の値を指定する条件を**初期条件**とよびます. つまり"初期条件と微分方程式があると, 微分方程式の解が1つきまる"のです. さきほど, 最後の例では,

$$y(0) = 1$$

としましたが, これを勝手な値 y_0 ($y_0 > 0$) にできます. そのときは,

$$\log y - \log y_0 = kt$$

となって, 対数の性質から

$$\log \frac{y}{y_0} = kt$$

$\log$ は e^s の逆関数ですから,

$$\frac{y}{y_0} = e^{kt}$$

図 8.21

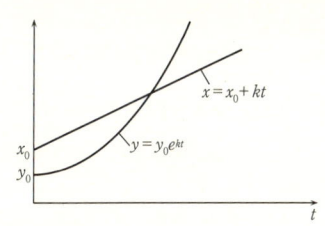

$$y = y_0 e^{kt}$$

という値になります.

今度は等速運動のときの初期条件を

$$x(0) = x_0$$

x_0 は勝手な数としますと,

$$x(t) - x_0 = kt$$

で, 答は,

$$x(t) = x_0 + kt$$

という時間 t の1次関数です.

もう一度2つの例をグラフにあらわしておけば, 図 8.21 のようになります.

とくに k を $\log 2$ ととりますと,

$$e^k = e^{\log 2} = 2$$

となり, これは

$$y(t) = y_0 e^{kt} = y_0 2^t$$

であるという場合であり, まさにはじめにマルサスのところで述べた, つねに2倍に分裂していくふえかたになっている. 結局マルサスの法則は微分方程式と初期条件

$$\frac{1}{y}\frac{dy}{dt} = k, \ y(0) = y_0$$

という形に書けたことになるのです．また

$$\frac{dy}{dt} = ky$$

と書くと，y という未知関数が1次でしか入っていないのでこれを線型方程式または線型微分方程式といいます．つぎの§9では，そうでない微分方程式つまり非線型方程式があらわれ主役を演じます．

§9 食うものと食われるものの数学
―― ヴォルテラの理論

生物間の相互作用
　生きているものは，§5でご紹介した今西先生のことばのように，1つとしてただ1個体で生きているものはありません．いくつかの生きた個体があつまって生活をしています．またその1種類の生物の群はそれだけで生活しているわけではないのです．

　たとえば小さな魚はプランクトンなどのそれより小さい生物をたべることによって生きており，その関係はきわめて密接なのです．たとえばそのプランクトンの数が非常に少なくなる時があったとしましょう，それは環境の変化のせいなどでそのようなことがおこるわけですが，そのとき魚の群は困ってしまいます．

　すなわち，食物としていたプランクトンが少なくなってしまうのですから，食糧が足りなくなって魚の方も人口調整をしなくてはなりません．また多すぎても困るわけで，そのせいで魚がふえすぎるとまた魚の方でえさをみつけるのに苦労します．

　もっとよくきくことは，さらにプランクトンがふえて魚はすきまもなくプランクトンにうずめられて酸素が足りな

くなり，大量に死んでしまうことなど"赤潮"ということばであらわされている現象は皆さんもニュースなどでおききになったと思います．

この章ではこのようないくつかの生物の群が相互に関連しあっている場合の変化，その個体数の変化の法則をしらべるために数学をもちいる1つの例をお話ししたいと思います．

このような生物の間の相互作用，互いに持ちつ持たれつの関係といったものが，生きているということの一面だともいえますので，ここでもし，数学的にそのことが記述できたならば，数学は生きていることの一面をとらえたといえましょう．

パールとリードによるマルサス理論の訂正
 ——1種の個体群の場合

§6で述べたマルサスの理論はその後さまざまな反響，批判，訂正をうみだしました．

その1つに，パールとリードによって行なわれた（1910年頃），訂正があります．

もう一度申しますと，マルサスの法則は

$$\frac{1}{y}\frac{dy}{dt} = 一定数$$

つまり，人口の1個体あたり増加率の速度が常に一定であるという前提にもとづいた法則であったのですが，これは変わるという仮定でも考えられます．

たとえば,ある種類の生物を限られた面積のところで飼う場合,総個体数がふえると,ということは地域が限られているので密度がふえると,食糧はたとえ十分にやっていても,狭くなるという生活環境の悪化によって,増殖率が低下することがしられています[1].

特にマルサスの係数 k が,総個体数の1次関数になっていると考えられる場合,つまり個体数がふえるということが直接増殖率ののびにブレーキをかけると考えられる場合には,微分の法則は,

$$\frac{1}{y}\frac{dy}{dt} = S-ly \quad (パールの微分方程式)$$

という形になります.S, l は正の定数です.この微分方程式は

$$\frac{dy}{dt} = (S-ly)y$$

と書けば y について2次ですから,非線型の方程式なのです.

この方程式に初期条件

$$y(0) = y_0 < \frac{S}{l}$$

というのをつけて積分すると,どんな解が得られるでしょうか? 面倒ですから,S と l に適当な値を入れてやりましょう.

---

1) それを示すいくつかの実験もあることは,たとえば日高敏隆さんの『ネズミが地球を征服する?』に書かれています.

§9 食うものと食われるものの数学——ヴォルテラの理論

$$S = 2, \quad l = 1^{1)}$$

そうすると上の式は,

$$\frac{dy}{dt} = y(2-y)$$

という形に書けます.こうすると時刻 0 のときの個体数 y_0 を

$$0 \leq y_0 \leq 2$$

をみたすようにしておくと,時間がたっても上の方程式にでてくる $y(t)$ について,

$$0 \leq y(t) \leq 2$$

がつづくことが確認できます.なぜなら,もしどこかの t_1 で

$$y(t_1) < 0$$

となるためには,

$$\frac{dy(t')}{dt} = y(t')(2-y(t')) < 0$$

つまり t 軸を t_1 より小さい t' で負の勾配で横切らねばなりません.そのためには,

$$\frac{dy(t')}{dt} < 0$$

ところがこれは 0 です.なぜなら,

$$y(t') = 0$$

ですから次の式から矛盾です.

---

1) この数値はまったく計算を簡単に見せるためなので,数値自身に意味はありません.

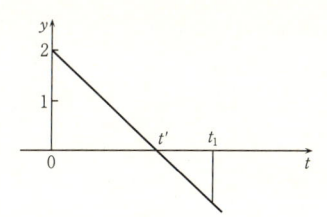

パールとリードによるマルサス理論の訂正——1種の個体群の場合　173

図 9.1

$$\frac{dy(t')}{dt} = y(t')(2-y(t')) = 0$$

同じように考えて,

$$y(t) < 2$$

がいつも成り立つことがわかります.

方程式は,

$$\frac{dy}{y(2-y)} = dt$$

と書けますから,

$$\frac{1}{y(2-y)} = \frac{1}{2}\left(\frac{1}{y} + \frac{1}{2-y}\right)$$

というふうに書きなおしておくと, 方程式は,

(*) $\quad \dfrac{dy}{y} + \dfrac{dy}{2-y} = 2dt$

となります. 左辺を 1 から y まで, 右辺を 0 から t まで積分するのですが, 左辺のそれぞれは

$$\int_1^y \frac{dy}{y} = \log y, \quad \int_1^y \frac{dy}{2-y} = -\log(2-y).$$

このあとの方はちょっとむずかしいかもしれませんから説明します.

$$\int_1^y \frac{dy}{2-y}$$

の意味は図 9.2 での

$$\frac{1}{2-y_1}$$

のグラフの下の面積を 1 から y まで計算することです. これは, $2-y_1$ 自身を横座標にとって図 9.3 のようなグラフになります. 実はこのグラフは $\frac{1}{x}$ のグラフとまったく同じものですから, 結局この面積は $2-y$ から 1 まで $\frac{1}{x}$ を積分したもの, つまり

$$\int_{2-y}^1 \frac{dx}{x}$$

にほかなりません. 積分は 1 からのものになおすと, 対数関数の定義から[1],

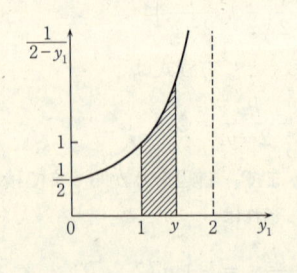

図 9.2

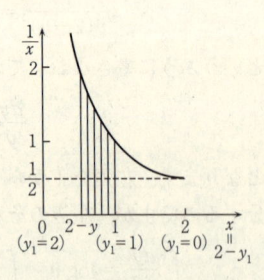

図 9.3

パールとリードによるマルサス理論の訂正——1種の個体群の場合

$$\int_{2-y}^{1} \frac{dx}{x} = -\log(2-y)$$

となります.

先の式 (*) に戻って右辺を積分すると

$$2\int_0^t dt = 2t$$

ですから

$$2t = \log y - \log(2-y) - \log y_0 + \log(2-y_0)$$

$$= \log \frac{y}{2-y} - \log \frac{y_0}{2-y_0}$$

$$\frac{y}{2-y} = e^{2t}\left(\frac{y_0}{2-y_0}\right)$$

$$y = 2\left(\frac{y_0}{2-y_0}\right)e^{2t} - \left(\frac{y_0}{2-y_0}\right)ye^{2t}$$

y で解くと,

$$y(t) = \frac{\dfrac{2y_0}{2-y_0}e^{2t}}{\left\{1+\dfrac{y_0 e^{2t}}{2-y_0}\right\}} = \frac{2y_0 e^{2t}}{2-y_0+y_0 e^{2t}}$$

たしかに, $t=0$ とすると,

$$y(0) = y_0$$

となって初期条件をみたします. このグラフを書くと, 図 9.4 のようなS字曲線になります. つまりあんまり個体数

---

1) $\int_{2-y}^{1} f(x)dx = -\int_{1}^{2-y} f(x)dx$ ということ (これはもとの $\int$ の定義 Σ から考えるとよくわかります) を用いて計算する.

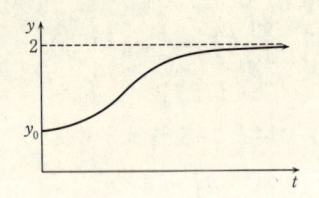

図 9.4

y が大きくならないように，y が 2 より大きくならないような効果があって，飽和しているのです．この曲線は成長[1]をあらわすときによくでてくるので成長曲線とも S 字曲線ともいわれます．実際

$$t \to \infty$$

のときは，次のように $y(t)$ を表現すると，

$$y(t) = \frac{2y_0}{\dfrac{(2-y_0)}{e^{2t}} + y_0}$$

t をどんどん大きくしていけば分母は y_0 に近づきますから，$y(t)$ は 2 に近づくのです．

実際にパールとリードは 1920 年にある種のショウジョウバエを飼ってその個体数増加を記録することによって，上の S 字曲線を得ているわけです．

---

[1] たとえば人間の身長なども生まれたときから何年ごとに測って見ても，大体このような曲線になるでしょう．というのは普通の人はほぼ日本人ならば 1.8 m までで延びなくなり飽和してしまうからです．

環境汚染による中毒の状態

上の例では個体数の最大は2でそれ以上には大きくなり得ませんでしたが,実際の生物の個体群ではどうなるでしょうか.たとえばレニエとランバンのやったバクテリアに関しての実験では,そのバクテリアが養われている培養基が新しくされない場合,最大に達したバクテリアの個体数は,そのあと徐々に減少して遂には絶滅してしまうことが観察されており,その理由としてバクテリアのはたらきも加わっての分解代謝による生成物が積みかさなって,バクテリアの個体群の個体を汚染によって中毒させるのであろうと考えられています.今のことばでいえば廃棄物汚染で人口がへっていくわけです.

$$\frac{dy}{dt} = \left(a - y - \int_0^t y(\tau)d\tau\right)y$$

これが新しい方程式です[1].これは1つの微分方程式に

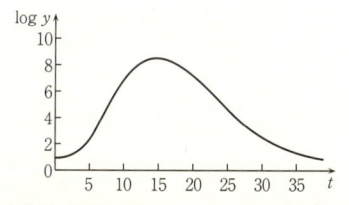

図9.5 中毒曲線(縦軸はバクテリアの数の対数をとったもの)

---

1) この方程式の右辺にある y の前に掛けられているもの:
$$\left(a - y - \int_0^t y(\tau)d\tau\right)$$

なおせます．時刻 0 から t までの累積個体数：

$$\int_0^t y(\tau)d\tau = n(t)$$

とおきますと，前の章でいったように微分と積分の基本的な性質により，

$$\frac{dn}{dt} = y(t)$$

この新しい方程式で途中の y の項（パール-リード効果）を無視すると，新しい方程式は

$$\frac{d^2n}{dt^2} = (a-n)\frac{dn}{dt}$$

$\left(\text{ここで } \dfrac{d^2n}{dt^2} \text{ は } \dfrac{dn}{dt} \text{ の微分係数 } \dfrac{d}{dt}\left(\dfrac{dn}{dt}\right) \text{ のことです}\right)$

となります．左辺に移項して

$$\frac{d}{dt}\left\{\frac{dn}{dt} - \left(an - \frac{n^2}{2}\right)\right\} = 0$$

とかき，両辺を 1 回 t について積分すると，C を積分定数として，

はまさに，ある種の汚染によるマルサス係数の変化をあらわしています．$-y$ はパールとリードのときと同じそのときの個体数によるマルサス係数によるものですが，

$$-\int_0^t y(\tau)d\tau$$

は，個体数 $y(\tau)$ が今までふえてきた，累積のものですから，環境汚染も累積されていることをあらわしています．

$$y = \frac{dn}{dt} = an - \frac{n^2}{2} + C$$

ここで

$$an - \frac{n^2}{2} + C = -\frac{1}{2}(n-a)^2 + \frac{1}{2}(a^2 + 2C) = 0$$

$$a^2 + 2C \neq 0$$

となるので

$$an_0 - \frac{n_0^2}{2} + C = 0$$

となる n_0 を求めますと, $n_0 > 0$ となる n_0 は図 9.6 をみればただ 1 つあります. よって, n_0 は

$$n_0 = a + \sqrt{a^2 + 2C}$$

どこか, t_0 という値で $n(t)$ は最大となり, あとは減るばかりの曲線になります. これがこの個体群が中毒になって減っていくありさまをあらわしているといえるでしょう.

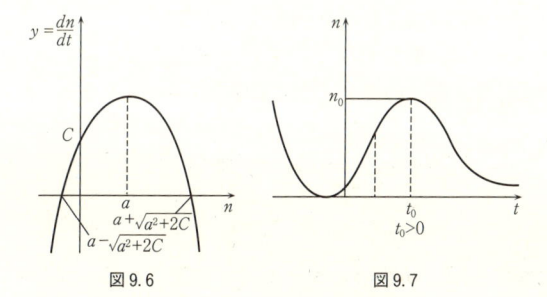

図 9.6

図 9.7

差分方程式と微分方程式

前にマルサスの法則のとき,それが等比数列であるということを,たとえば,1秒たつごとに2つに分裂する細菌の場合ならば,n秒たったときの個体数をy_nとして,親1匹あたりの子供数

$$\frac{y_n - y_{n-1}}{y_{n-1}} = 1$$

であるというあらわし方もできるといいました.

これは,

$$y_n = 2y_{n-1} = \cdots = 2^n y_0$$

が,微分方程式

$$\frac{dy}{dt} = (\log 2)y$$

の初期値y_0のときの解

$$y = e^{(\log 2)t} = 2^t$$

を1秒ごとに正確に与えるものであるわけです.上のような

$$y_n - y_{n-1} = y_{n-1}$$

というのは,微分でなしに**差分方程式**とよばれます.上の例は差分方程式の解が正確に微分方程式の解を与える例になっています.

このことは一般的にもいえて,微分方程式

$$\frac{dy}{dt} = ky$$

について同じ初期値y_0をとる差分方程式の解がつくれる

差分方程式と微分方程式

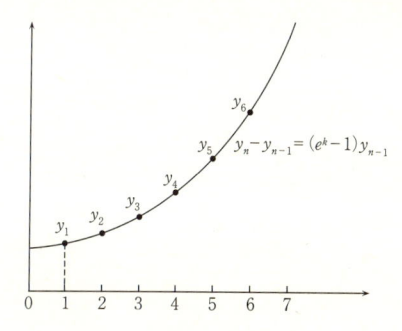

図9.8

でしょう．その解は正確に上の微分方程式の解にも（各 n 秒で）一致しているものがのぞましいのです．そのためには，

$$y_n - y_{n-1} = (e^k - 1)y_{n-1}$$

をとれば，これの解は

$$y_n = e^{nk} y_0$$

ですから，まさにそうなっています．さきの例は

$$k = \log 2$$

であったわけです．グラフでいえば図9.8のようになります（もっと簡単な $y_n - y_{n-1} = k y_{n-1}$ はそうはなりません）．このような質のよい差分方程式を，パールの微分方程式について見つけることもできます．

$$\frac{dy}{dt} = y(2-y), \ y(0) = y_0$$

の解は，

$$y(t) = \frac{2y_0 e^{2t}}{2-y_0+y_0 e^{2t}}$$

でした.

$$y_n - y_{n-1} = \frac{2y_0 e^{2n}}{2-y_0+y_0 e^{2n}} - \frac{2y_0 e^{2(n-1)}}{2-y_0+y_0 e^{2(n-1)}}$$

を書きなおして,

$$y_n - y_{n-1} = \frac{2y_0 e^{2(n-1)}}{2-y_0+y_0 e^{2(n-1)}} \left[\frac{e^2(2-y_0+y_0 e^{2(n-1)})}{2-y_0+y_0 e^{2n}} - 1 \right]$$

$$= y_{n-1} \left[\frac{2e^2 - y_0 e^2 + y_0 e^{2n} - 2 + y_0 - y_0 e^{2n}}{2-y_0+y_0 e^{2n}} \right]$$

$$= y_{n-1} \left[\frac{2e^2 - y_0 e^2 - 2 + y_0}{2-y_0+y_0 e^{2n}} \right]$$

$$= y_{n-1} \left[\frac{(2-y_0)(e^2-1)}{2-y_0+y_0 e^{2n}} \right]$$

$$= \frac{(e^2-1)}{2} y_{n-1} \left[\frac{4-2y_0+2y_0 e^{2n} - (2y_0 e^{2n})}{2-y_0+y_0 e^{2n}} \right]$$

$$= \frac{(e^2-1)}{2} y_{n-1} \left[2 - \frac{2y_0 e^{2n}}{2-y_0+y_0 e^{2n}} \right]$$

$$= \frac{(e^2-1)}{2} y_{n-1}(2-y_n)$$

結局,

$$y_n - y_{n-1} = \frac{(e^2-1)}{2} y_{n-1}(2-y_n)$$

が求める差分方程式であることがわかります. したがって, 人口論的な意味もはっきりするわけです. つまり

$$\frac{y_n - y_{n-1}}{y_{n-1}}$$

という親1匹あたりの増加率が，親子供を足した n 世代めの人口の1次関数であるということです．

このように，微分方程式であらわされた法則でも，差分方程式を適当につくれば意味がはっきりすることがあることを注意しました．

もうすこし注意をつづけますと，たとえば，

$$\frac{dy}{dt} = ky$$

という微分方程式は，分割点における y の値をつぎつぎと y_n とすると（時間の間隔を h として），

$$\frac{dy}{dt} \quad \text{は} \quad \frac{y_n - y_{n-1}}{h}$$

を近似的にしたものだということから，対応する差分方程式としては，いくらでも候補がかんがえられます．たとえば，

(1) $\quad \dfrac{y_n - y_{n-1}}{h} = ky_n$

(2) $\quad \dfrac{y_n - y_{n-1}}{h} = ky_{n-1}$

も，さらに前に述べた（そのときは $h=1$ のときでした）

(3) $\quad \dfrac{y_n - y_{n-1}}{h} = \dfrac{(e^{kh}-1)}{h} y_{n-1}$

でも，

(4) $$\frac{y_n - y_{n-1}}{h} = (e^k - 1)y_n$$

でも，さらにもっと，

(5) $$\frac{y_{n+1} - y_{n-1}}{2h} = ky_n$$

でもどれでもよいわけですがそのうちで，(3) だけがきっちり微分方程式の解 $y(t)$ の nh での値

$$y(nh) = y_n$$

なのです．

他の差分方程式の解も h をゼロに近づければ，微分方程式の解に近づくことがわかっています．もちろんこの場合，両方の初期値は同一にしなければなりません．

けれども

$$\frac{dy}{dt} = ky$$

について，述べたその差分方程式版は (1), (2), (3), (4) のどれでも大体おなじようにその解はいずれも，微分方程式の解を近似しているのですが，飽和条件の入ったパールの微分方程式

$$\frac{dy}{dt} = y(2-y)$$

については，同じではありません．このことは，ごく最近まであまり知られていなかったのです．

パールの微分方程式についての注意

この微分方程式については，各 n 秒ごとに正確にこの微分方程式の解を与える差分方程式：

(1) $\quad \dfrac{y_n - y_{n-1}}{1} = \left(\dfrac{e^2-1}{2}\right) y_{n-1}(2-y_n)$

を発見しておいたのですが，同じようにして h 秒ごとに正確な微分方程式の解の値を与える差分方程式もすぐに見つけられます．ここでは

$$y_n = y(nh)$$

です．

(2) $\quad \dfrac{y_n - y_{n-1}}{y_{n-1}} = \left(\dfrac{e^{2h}-1}{2}\right)(2-y_n)$

ここで h が小さいときは，§7 でやったように

$$\dfrac{e^{2h}-1}{2h} \sim 1$$

ですから，

$$\dfrac{e^{2h}-1}{2} \sim h$$

と考えてもよいでしょう．そうすると

(3) $\quad \dfrac{y_n - y_{n-1}}{h} = y_{n-1}(2-y_n)$

というのも考えられます．

これは，もとの微分方程式

$$\frac{dy}{dt} = y(2-y)$$

において,

左辺：$\dfrac{dy}{dt}$ を $\dfrac{y_n - y_{n-1}}{h}$ で

右辺：$y(2-y)$ を $y_{n-1}(2-y_n)$ で

置き換えてできたものとも考えられるわけです．それならもっとすっきりさせるためには，左辺を

$$\frac{y_n - y_{n-1}}{h}$$

で置き換えるのは前のとおりとし，右辺は少し換えてむしろ素直に

$$y_{n-1}(2-y_{n-1})$$

で置き換えてみたらどうなるでしょう．実はこれが (3) とは大変なちがいを生みだすということがつい 10 年前，数学者の間で気がつかれはじめました．今最後に置き換えたものは差分方程式

(4)　　$y_n - y_{n-1} = h y_{n-1}(2 - y_{n-1})$

となります．(3) と (4) のちがいが問題なのです．(3) も (4) も y_n を y_{n-1} であらわす式として書くと，それぞれ簡単な計算で：

(3)′　　$y_n = \dfrac{(1+2h)y_{n-1}}{1+hy_{n-1}}$

(4)′　　$y_n = (1+2h-hy_{n-1})y_{n-1}$

と書けます．もし，y_n を y_{n-1} の関数 $F(y_{n-1})$ であらわす，つまり

$$y_n = F(y_{n-1})$$

とすれば，(3)′ と (4)′ のちがいは，

(3)′　　$F(x) = \dfrac{(1+2h)x}{1+hx}$

(4)′　　$F(x) = (1+2h-hx)x$

となって，(3)′ の F は 1 次の分数式，(4)′ のほうは x の 2 次式（2 次の多項式）であるわけです．グラフを描くと，(3)′ の方は図 9.9 のように単調に増加します．一方 (4)′ の方は放物線という曲線で図 9.10 のようになります．こちらの方は h が十分小さいときはよいのですが，ある程度大きいと面白いことがおこります．

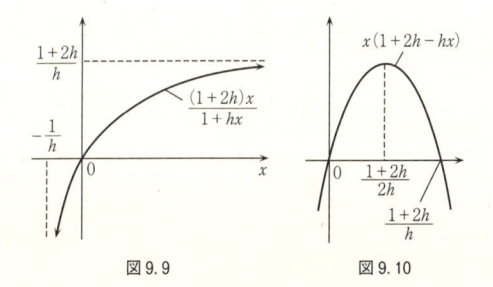

図 9.9

図 9.10

まず (3)′ の y_n をグラフでもとめましょう．これは ($y_0 < \dfrac{1+2h}{2h}$ としてやると) 図 9.11 に示すように，y_0 という初期値からはじめて順次

$$y_1, y_2, \cdots, y_n$$

をもとめていくと，n の増えるにしたがって，y_n も増える単調増加の列になり，この y_n をグラフで書くと，図 9.12 のようになります．これは h の大きさがどのようにかわろうと，ほぼ同じような似た，そして微分方程式の解である成長曲線に似たグラフになります．

ところが (4)′ の方はちがいます．

それをくわしく見るため h を小さいところから徐々に大きくして様子を見ましょう．まず h が 0 と 1 との間

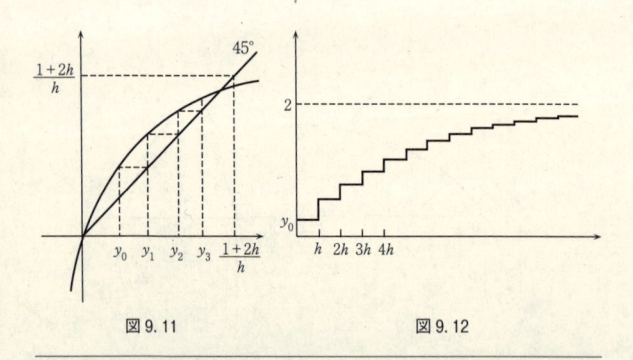

図 9.11

図 9.12

差分方程式と微分方程式

$$0 < h \leq \frac{1}{2}$$

のときを見ましょう. y_0 は前とおなじように

$$0 < y_0 < \frac{1+2h}{2h}$$

としておきます. このときは数列 $y_0, y_1, y_2, \cdots$ の様子はほぼ (3)′ のときとちがわない.

y_n は単調に増大して, 2 に近づくことは前とおなじでまったく同じようなグラフがこの y_n についてできます (図 9.13 と図 9.14).

こんどは h を $\frac{1}{2}$ より大きくします. つまり

$$\frac{1}{2} < h \leq 1$$

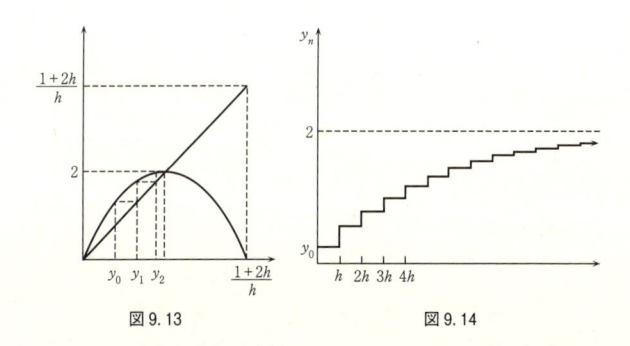

図 9.13

図 9.14

であるような h について見ますと，今度は2次式
$$(1+2h-hx)x$$
と原点をとおる $45°$ の直線の関係が少しかわります．

今度は y_0 より y_1 は大きく y_2 も y_1 より大きいのですが，y_3 は y_2 より小さくなり，また y_4 は y_2 より大きくなるのです．つまり y_n は2に近づくのですが，だんだんと振動の幅が小さくなって2に近づくわけです．

y_n は単調に増大するのではないのです．これは直接計算でたしかめてください．そのありさまは図9.15，図9.16に示してあります．

次に h をもう少し大きく1よりも大とすると，さらに様子がかわります．こんどは y_n は規則正しい周期振動になります．そのときの波の周期はちょうど $2h$ です．この様

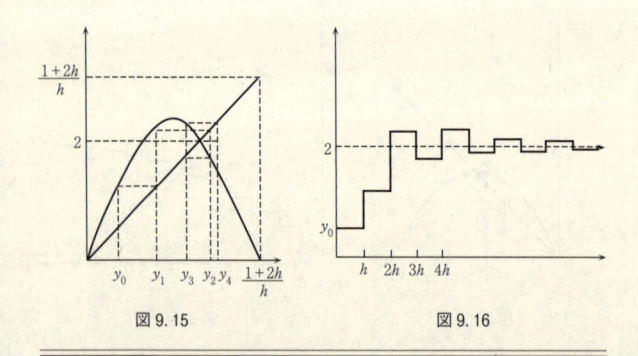

図9.15

図9.16

図 9.17

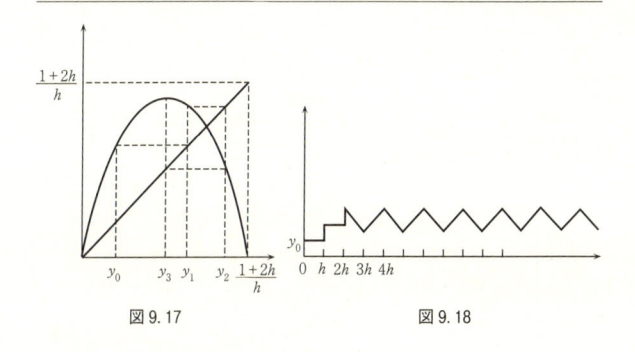

図 9.18

子は図 9.17, 図 9.18 に示すとおりです．これは
$$h = 1.1$$
ぐらいですが，さらに
$$h = 1.22$$
ぐらいになると周期 $4h$ の振動になり，これ以降は h を 1.25 ぐらいにまで小きざみに大きくするとつぎつぎと 8 周期，16 周期と 2^n の形の周期の振動になります．

さらに面白いのは h が 1.5 に近づくときまたは
$$h = 1.5$$
のときであります．今までは，初期値 y_0 のとりかたには無関係に 1 つの周期振動になったのですが，ここではもう様子が一変して初期値 y_0 をちょっとでも変化させると解の様子は大きく変化して，その様子はまるで 1 つの法則と

は思えないほどのものになります．このことをカオス状態にあるというのです．

このように (3) または (3)′ と (4) とは2つともパールの微分方程式

$$\frac{du}{dl} = u(2-u)$$

の差分化でありながら，差分のとり方によって，きわめて忠実にこの方程式の解を近似するものと，(4) のようにまったく別の解をあらわしているものもあるということです．

ヴォルテラの理論

マルサスに刺激されて出てきた理論のうち，現在までで，最も面白いものは，1926年にヴォルテラが発表した生存のための闘争の理論です．

それを説明します．その理論は生物の世界での生き残るための闘争を見事に数学のモデルとしてつくり上げ，描き出しているからです．

第1次世界大戦のあと，イタリアの動物学者，ダンコナは，この大戦の前後での漁業にどのような変化があったかを知ろうとして，アドリヤ海沿岸のいくつかの漁港，ベニス，フィウム，トリエステについて，1905年から1923年までの漁業統計をしらべました．

そして特にサメがどのぐらい各漁港で水揚げされたかという点に注目しまして，その表はヴォルテラの本にのっていますので，ここに借りて来てお見せします．数字は全水揚げ量のうちのサメの占めるパーセンテージです．

年	1905	1910	1911	1912	1913	1914	1915	1916
トリエステ	—	5.7	8.8	9.5	15.7	14.6	7.6	16.2
フィウム	—	—	—	—	—	11.9	21.4	22.1
ベニス	21.8	—	—	—	—	—	—	—

年	1917	1918	1919	1920	1921	1922	1923
トリエステ	15.4	—	19.9	15.8	13.3	10.7	10.2
フィウム	21.1	36.4	29.3	16.0	15.9	14.8	10.8
ベニス	—	—	30.9	25.3	25.9	26.4	26.3

表9.1

この表をしらべていくとすぐ目につくことは，どの港でも，大戦がはじまるとともに 1913-20 年の間はサメの水揚げ量がふえていることです．そして，それが戦後しばらくつづきます．

　戦争とサメ，この２つはいったいどんな関係があるのでしょう．

　戦争の時代は，危険や人手不足，船の不足などでアドリヤ海での漁業はおとろえた時期です．しかし，そのことと，サメの捕獲の増加とはどんな関係にあるのでしょうか？

　こんな疑問にぶつかったダンコナは，当時の一流の数学者ビトー・ヴォルテラにこの関係を説明してほしいと頼みました．

　ヴォルテラは頼みをうけて考えをめぐらし，日常のことばでいうと次のような結論に達しました．それを順序だてていうと次のようなことです．

(1) サメは他の魚を食って生きている．他の魚はエジキである．

(2) サメがあまり他の魚を食べすぎるほど数をふやすとエジキが少なくなり，したがってサメ自身も数をへらす．そうなると他の魚は敵が少なくなるからふえだす．このようなある種のバランスがサメの数と他の魚の数とに存在している．

(3) 漁業によって，サメも他の魚もとられているが，そのときにもバランスが存在していた．

(4) 平常は一定の漁業活動でサメも魚もそれぞれ一定の割合で漁獲され，その分の両種の量が減少することでバランスがとれていた．その漁獲量の割合が急に減った．戦争のせいである．

(5) 上の結果としてサメがふえ，他の魚がへった．

(1), (2), (3) という事柄は，割合，わかったような感じがするのですが，(4) と (5) というところは，どういうふうにということがどうしても気になり，納得しかねます．このことの説明を数学を用いて説明したわけです．

そのために (1), (2), (3) を数学的に表現しないといけないわけです．その表現から，(4), (5) の結論を論理的にみちびこうというわけです．

数学的な考えとして，ヴォルテラの独創性は2つあります．

(1) 未知関数2つの連立の微分方程式を考えたこと．

(2) パールとリードと同じようにマルサスの考えを反省して，マルサスの係数 k が，それぞれの相手個体数に応じて変わることを考えたこと．

この2つです．くわしく説明しましょう．

ある地域（海域でしょうか）に存在する時刻 t のときのサメの総個体数を $v(t)$ とします．一方それに食べられる他の魚の個体数を $u(t)$ とするわけです．これらはいずれも時間 t の関数です．そして，マルサスの理論でしばしばわれわれがとりあつかった，それぞれの1匹あたりの増加率の速度

$$\frac{1}{u}\frac{du}{dt} = \frac{du}{u(t)dt}, \quad \frac{1}{v}\frac{dv}{dt} = \frac{dv}{v(t)dt}$$

を考えるのです.

マルサスでは,これらがそれぞれ一定という仮定のモデルであったわけですが,もしそんなモデルをえらんだとしますと,まったく変なことになります.たとえば,

$$\begin{cases} \dfrac{1}{u}\dfrac{du}{dt} = 2 \\ \dfrac{1}{v}\dfrac{dv}{dt} = 1 \end{cases}$$

とするとき,初期値をそれぞれ u_0, v_0 とすれば,解は前にやったとおり,

$$u = u_0 e^{2t} \longrightarrow \frac{u}{u_0} = (e^t)^2$$

$$v = v_0 e^t \longrightarrow \left(\frac{v}{v_0}\right)^2 = (e^t)^2$$

となり,この2つの式から時間を消去しますと,

$$u = u_0 \left(\frac{v}{v_0}\right)^2 = \frac{u_0}{v_0^2} v^2$$

となって,u を横軸,v を縦軸にとってグラフをかくと,図 9.19 のようになります.

これでは時間がたつと,u も v もともに増えつづけるだけです.そうではないはずです.そこでヴォルテラは次のように考えたのです.

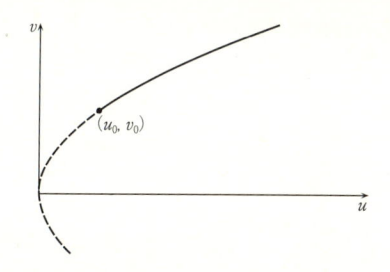

図 9.19

$$\frac{1}{u}\frac{du}{dt} = \text{サメの個体数}\,v\,\text{がふえればへるような}\,v\,\text{の関数}$$

$$\frac{1}{v}\frac{dv}{dt} = \text{他の魚の個体数}\,u\,\text{がふえればふえるような}\,u\,\text{の関数}$$

というふうに互いに関係しているはずであり，もし互いに相手がまったくなかったときだけマルサスのいった仮定があてはまるという考えです．

もちろん他の魚は，小さいプランクトンや海藻などを食べてふえるわけですが，サメは他の魚だけを食べてふえるとすると，もしサメだけで他の魚がいなければ，サメはへるばかりのはずです．それで1や2という数字に特に意味はないのですが，

$$\begin{cases} \dfrac{dv}{vdt} = -1 \\ \dfrac{du}{udt} = 2 \end{cases}$$

このそれぞれが他のものの存在がなかったときの成長の方程式とすると，上に述べた仮定を簡単な1次関数でそれぞれいれます．

$$(*)\begin{cases} \dfrac{1}{u}\dfrac{du}{dt} = 2-v & (1) \\ \dfrac{1}{v}\dfrac{dv}{dt} = -1+u & (2) \end{cases}$$

これがヴォルテラの方程式なのです．

ここで書いた 2 とか −1 は，特に意味はなく，これを a とか $-b$ (v の方はマイナスでなくてはなりません) と書いてやっても以下のことはまったく同じようにできます．それから第1の式の $2-v$ というのも減少する1次関数，つまり，

$$a-kv \quad (a>0,\ k>0)$$

というものでよいし，第2の式の右辺も，

$$-b+lu \quad (b>0,\ l>0)$$

という1次の増加関数でよいのです．

ここでは計算を簡単にするために，

$$a=2,\ b=1,\ k=1,\ l=1$$

ととってやってみるだけです．初期値 $u(0), v(0)$ は u_0, v_0 とおいておきましょう．

われわれは (*) の微分方程式 (連立ですが) を解かなければなりません．

ところが上の連立方程式は次のようにも書けます．

$$\begin{cases} \dfrac{du}{dt} = (2-v)u & (3) \\ \dfrac{dv}{dt} = (-1+u)v & (4) \end{cases}$$

さらに,

$$\begin{cases} \dfrac{du}{u} = (2-v)dt & (5) \\ \dfrac{dv}{v} = (-1+u)dt & (6) \end{cases}$$

というふうにも書いてよいことは前に述べました.

　さていよいよ,とんでもないことをはじめます.この本の最初のところで象とノミの数を足し算することはないだろうといいましたが,ここではそれに似たことをやります.式 (3) と (4) を足しあわせてみるのです.

$$\frac{d}{dt}(u+v) = 2u-v \tag{7}$$

となります.(7) の右辺はサメの数と,他の魚の数の 2 倍の差になっています.

　次に (6) の式の両辺に 2 をかけておいた式を (8) とします.

$$\frac{2}{v}dv = (-2+2u)dt \tag{8}$$

　(5) と (8) はそれぞれ,次のように書けます.

$$\begin{cases} \dfrac{d\log u}{dt} = (2-v) & (9) \\ \dfrac{d(2\log v)}{dt} = (-2+2u) & (10) \end{cases}$$

(9) と (10) を再び足しあわせますと,

$$\frac{d}{dt}(\log u + 2\log v) = 2u - v \qquad (11)$$

式 (11) と (7) を見くらべますと, 右辺は同じです. このことは,

$$\frac{d}{dt}(u+v) = \frac{d}{dt}(\log u + 2\log v)$$

とあらわしてもよいし, また,

$$\frac{d}{dt}(u+v-\log u - 2\log v) = 0 \qquad (12)$$

とあらわしてもよいでしょう. そして前の章の結果を参考にすると (微分して 0 となる関数は定数のみ),

$$u(t)+v(t)-\log u(t)-2\log v(t) = C \qquad (13)$$

(C は定数) ということがなりたつわけです. この C は (u_0, v_0) という初期値によってきまります.

$$u_0 + v_0 - \log u_0 - 2\log v_0 = C$$

ここで

$$u - \log u + v - 2\log v = C \qquad (14)$$

のなかの

$$u - \log u \quad \text{とか} \quad v - 2\log v$$

は[1], それぞれ u および v の増加関数であると同時に, u

ヴォルテラの理論

$u - \log u + v - 2\log v = C$

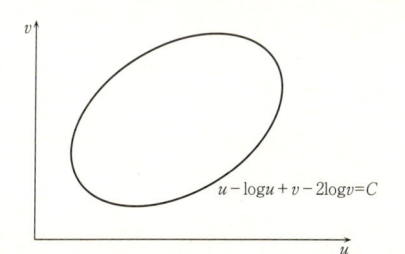

図 9.20

およびvがそれぞれ $+\infty$ になれば $+\infty$ になる関数です．したがって，

$$(u-1)^2 + (v-2)^2 = C \tag{15}$$

とおなじように，u とか v がどんどん大きくなることはできず，(15) が円をあらわすのと同じように (14) も閉じた閉曲線をあらわすのです．どうして，こういうグラフが書けるかというと，それには，

$$f(u,v) = u - \log u + v - 2\log v$$

のグラフを，u-v 平面の上に f を縦軸にとれば，1つの凹んだ曲面がえられます．それを

---

1) $u - \log u$ も $v - 2\log v$ も u と v がちがうだけのほとんど同じ関数です．ですから一般的に $a > 0$ として，まず次の u の関数
$$u - a\log u$$
のグラフを描いてみましょう．

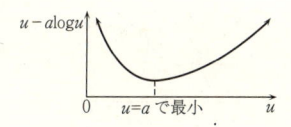

$u - a\log u$

0　　$u = a$ で最小　　u

$$f = C$$

という平面で切りとった切口の曲線の式が (14) であらわされるのです (図 9.21).

さらにこれを時間軸と u, v のグラフで書くとどうなるか？

つまり $u(t), v(t)$ は時間 t について周期的な関数で，同じ周期をもっています．つまり，

$$\begin{cases} u(t+T) = u(t) \\ v(t+T) = v(t) \end{cases} \quad (16)$$

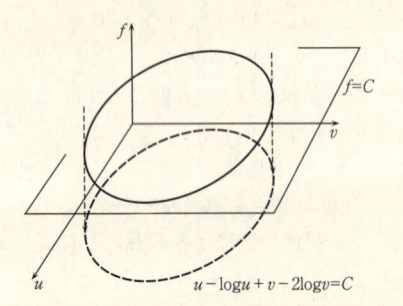

図 9.21

$u - \log u + v - 2\log v = C$

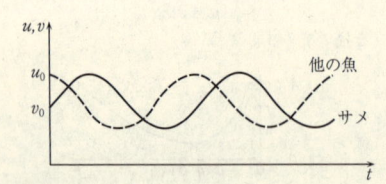

図 9.22

がすべての t について成り立つような
$$T > 0$$
が存在しているのです．

さて，ヴォルテラの式をもう一度書きましょう．

$$\begin{cases} \dfrac{d}{dt}\log u(t) = 2-v(t) & (17) \\ \dfrac{d}{dt}\log v(t) = -1+u(t) & (18) \end{cases}$$

ここで前章でやった積分を t から $t+T$ までおこないますと，

$$\log u(t+T) - \log u(t) = 2\int_t^{t+T} d\tau - \int_t^{t+T} v(\tau)d\tau$$

$$\log v(t+T) - \log v(t) = -\int_t^{t+T} d\tau + \int_t^{t+T} u(\tau)d\tau$$

(16) の式を参考にすると，
$$\text{左辺} = 0$$
となりますから，
$$\int_t^{t+T} d\tau = T$$
を思いだすと，
$$2T - \int_t^{t+T} v(\tau)d\tau = 0$$

$$-T + \int_t^{t+T} u(\tau)d\tau = 0$$

書きなおすと，

$$\begin{cases} \dfrac{1}{T}\int_{t}^{t+T} v(\tau)d\tau = 2 \\ \dfrac{1}{T}\int_{t}^{t+T} u(\tau)d\tau = 1 \end{cases} \quad (19)$$

つまり、サメの1周期平均は2で、他の魚の1周期平均は1[1]になります.

漁業活動による減少

ここまでは漁業活動については何もいいませんでした. これを考慮にいれたときどうなるでしょうか？

方程式の中に漁業活動による魚の数の減少を考えにいれます. 一応それによって魚やサメの数が減りますからその減少はそれぞれの個体数に比例するとしましょう. つまり第1の式で右辺に

$$-\alpha u \quad (\alpha > 0)$$

を加え、第2の式で

$$-\beta v \quad (\beta > 0)$$

をくわえます. これが漁業による減少の項です.

注意してほしいのはこの減少は、それぞれの個体数の増加率の変化であることです. 全部の式を新しく書きますと、

---

1) この平均は、初期の個体数 u_0, v_0 に無関係であることに注意してください.

$$\begin{cases} \dfrac{du}{dt} = (2-v)u - \alpha u \\ \dfrac{dv}{dt} = (-1+u)v - \beta v \end{cases}$$

です．書きなおして，

$$\begin{cases} \dfrac{du}{dt} = (2-\alpha-v)u \\ \dfrac{dv}{dt} = (-1-\beta+u)v \end{cases}$$

とかけます．ここでは α と β は小であって，

$$0 < \alpha < 2,$$
$$0 < \beta$$

と仮定します．こういうふうに書くと上の式は，

$$2-\alpha = A$$
$$1+\beta = B$$

とでもかくと，はじめのヴォルテラの式とまったく同じ形になります．

$$\begin{cases} \dfrac{du}{dt} = (A-v)u \\ \dfrac{dv}{dt} = -(B-u)v \end{cases}$$

すなわち前の式で2であったのが A になり（正の数），前の式の1が B になったわけです．すると，今までに展開した議論はすべて同様に進行します．

したがって，u_0, v_0 という初期値から出発した解は，図

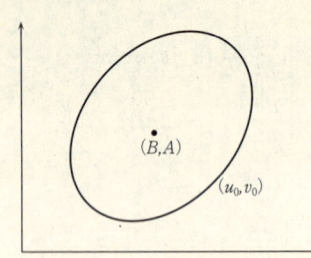

図 9.23

9.23 のような，中心が
$$u = B, \quad v = A$$
のほぼまるい軌道をえがくわけです．

先程の α, β を正常な漁業活動がおこなわれているときのものだといたしますと，これがそのときの周期運動であるわけです．そうすると前と同じ理屈によって，1 周期平均を u, v についてそれぞれ $\bar{u}, \bar{v}$ としますと，

$$\begin{cases} \bar{u} = \dfrac{1}{T}\int_{t}^{t+T} u(\tau)d\tau = B \\ \bar{v} = \dfrac{1}{T}\int_{t}^{t+T} v(\tau)d\tau = A \end{cases}$$

となります．ここで，大戦の影響によって，上の α が小さくなって α' になったとしましょう．β も β' と小さくなるかもしれません．そのとき
$$2 - \alpha' = A'$$
$$1 + \beta' = B'$$
とすると，

$$A' > A$$

であり，

$$B' < B$$

です．

ところが，そのときの新しい1周期平均個体数は，それぞれ $\bar{u}_1, \bar{v}_1$ とすると，

$$\begin{cases} \bar{u}_1 = B' < B \\ \bar{v}_1 = A' > A \end{cases}$$

です．はたして"サメの方の平均個体数はふえ，他の魚の平均個体数はへっている"ということになり，これがはじめに述べたダンコナの質問に対する，ヴォルテラの数学の形での答であるというわけです．

農薬の効果

上と同じことは，昆虫などの場合にも，ちょうど A, B の大小と A', B' の大小が反対の形で同じような理屈が成り立ちます．

上のヴォルテラの方程式における u をあらためて，ある地域にすむ害虫だとしましょう．害虫の個体数です．一方その害虫を食べて生きている昆虫，これは益虫ですがそれの個体数は v であるとしましょう．

たとえば，春，ユキヤナギやムクゲなどにつく小さなアブラムシはこれらの木の新芽を食べるので人間にとっては害虫なのですが，うまいぐあいにこの虫には天敵があります．天敵とはこのアブラムシを食べてしまうテントウムシ

です．これが v であるわけです．簡単にするためこれが自然のバランスにあるときは，

$$\begin{cases} \dfrac{du}{dt} = (2-v)u \\ \dfrac{dv}{dt} = -(1-u)v \end{cases}$$

という，前と同じ方程式にしたがって，ふえたりへったりしているものとしましょう．人間の側にとっては，u の平均値が，できるだけ小さくなっていてそのまわりに (u,v) がまわっているというのが都合がよいわけですが，そういうようにしようとして，農薬で両方の虫を殺したとしましょう．そのことは方程式では，つけくわえるべき項

$$-\alpha u, \quad -\beta v$$

となります．したがって方程式は，

$$\begin{cases} \dfrac{du}{dt} = (2-v)u - \alpha u \\ \dfrac{dv}{dt} = -(1-u)v - \beta v \end{cases}$$

という形になります．書きなおすと，

$$\begin{cases} \dfrac{du}{dt} = (2-\alpha-v)u \\ \dfrac{dv}{dt} = -(1+\beta-u)v \end{cases}$$

となり，この場合の平均値をしらべると，農薬をまく場合の平均値は，

$$\bar{u} = 1, \ \bar{v} = 2$$

であったものが，農薬によって，

$$\bar{u}_1 = 1+\beta, \ \bar{v}_1 = 2-\alpha \quad (0 < \alpha < 2)$$

となって，むしろ天敵であった，"益虫の平均値が減り"，"害虫の平均値がふえている" わけです．

このように，マルサスの考えを発展させ，また修正もしたヴォルテラのモデルは，生態学という，生きているものの，生きるための行動をしらべる学問に役に立てることができるのです．もちろん，これらのモデルで完全に上のような種類の現象を記述できると思ってはなりません．しかし，上のものをさらに修正し，またさきほどは計算を簡単にするために2とか1とかおいた項を，もっと現実にふさわしいように修正することによって，ある程度，本当のデータとあわせることができるのです．

競合のモデル

もう1つ，ヴォルテラの考えたものに，競合のモデルがあります．たとえば，2つの種類の生物が同じエサを食べて生きているとします．それが同じ地域でおこなわれている場合は，競争になります．どちらが勝ちのこるかが，問題になるわけです．

数学の式にしましょう．2種の生物の個体数をそれぞれ u, v とします．これはその地域での個体数で，時間によって変化するわけです．一方エサは別にあってそれを食べることによって，2種の生物 u と v は増殖するわけですが，

そのそれぞれがその種の生物だけで生活するときを考えて，たとえばuだけでvがいないときのuの増殖する率を2，逆にvだけでuがいないときのvの増殖率を1としましょう．

2種が共存するときはどうなるか．おそらく，2種がいっしょにいることによって環境が悪化します．たとえば食物のへり方は$u+v$に比例すると仮定してみましょう．その比例定数はuとvで異なります．それぞれα, βとすると微分方程式はつぎのようになります．

$$\begin{cases} \dfrac{du}{dt} = \{2-\alpha(u+v)\}u \\ \dfrac{dv}{dt} = \{1-\beta(u+v)\}v \end{cases}$$

いよいよ，種類のちがう生物の個体数を加えあわせることをやりはじめましたが，同一の地域にすんでいるなら，たしかに2種の生物の個体数の和は環境の悪化について互いに影響をもつはずです．1種の場合には，

$$\frac{du}{dt} = (1-u)u$$

という，パールの方程式があったわけですが，これを2種に拡張して解釈したと思ってもよいでしょう．

この式を解いて，uとvを時間tの関数として求めることはできません．しかし，ずっと時間がたったらどうなるかをしらべることはできます．方程式をかきなおして，

$$\frac{1}{u}\frac{du}{dt} = 2-\alpha(u+v) \qquad ①$$

$$\frac{1}{v}\frac{dv}{dt} = 1-\beta(u+v) \qquad ②$$

ここで

$$①\times\beta-②\times\alpha$$

を計算しますと,

$$\frac{\beta}{u}\frac{du}{dt}-\frac{\alpha}{v}\frac{dv}{dt} = 2\beta-\alpha$$

和の微分係数になおしますと,

$$\beta\frac{d}{dt}\log u - \alpha\frac{d}{dt}\log v = 2\beta-\alpha$$

$$d(\beta\log u - \alpha\log v) = (2\beta-\alpha)dt$$

いま,

$$2\beta-\alpha < 0$$

と仮定してみましょう.

この仮定の意味をしらべましょう. このことは, β は小さくて, 環境の悪化による増殖率の減少

$$\beta(u+v)$$

は u のそれ, つまり

$$\alpha(u+v)$$

より (その2分の1より) 小であるということ, つまり第2の種 v は自然の増殖率は小さいが, 環境の悪化に対する抵抗力は第1種より大きいといえましょう.

今 u, v の

$$t = 0$$

のときの値, 初期値をそれぞれ u_0, v_0 とします. 対数の微分の積分をすることによって, 右辺は

$$\log u^\beta - \log v^\alpha - \log u_0{}^\beta + \log v_0{}^\alpha = (2\beta - \alpha)t$$

となります. 前章で述べた対数関数の性質より,

$$\log \left(\frac{u^\beta}{v^\alpha} \frac{v_0{}^\alpha}{u_0{}^\beta} \right) = (2\beta - \alpha)t$$

対数関数は指数関数の逆関数でしたから

$$\frac{u^\beta}{v^\alpha} \frac{v_0{}^\alpha}{u_0{}^\beta} = e^{(2\beta - \alpha)t}$$

となります. または書きなおすと

$$(*) \quad \frac{v^\alpha}{u^\beta} \frac{u_0{}^\beta}{v_0{}^\alpha} = e^{(\alpha - 2\beta)t}$$

ここで

$$\alpha - 2\beta > 0$$

ですから, 指数関数の性質より, 右辺は t がどんどん大になると, いくらでも大きくなります.

ところが, v は決していくらでも大きくなることはありません.

このことは矛盾によって示せます. まず次のことに注意しましょう.

②の式から

$$\frac{1}{v}\frac{dv}{dt} = 1 - \beta(u+v) = 1 - \beta v - \beta u$$

$\beta > 0$ ですが, u と v は個体数だから正です. よって

$$\frac{1}{v}\frac{dv}{dt} < 1-\beta v$$

がいつも成り立ちます. 今 v がどんどん大きくなることを仮定してみますと, いつかはじめて

$$v(t) \quad \text{が} \quad \frac{1}{\beta}+1$$

になることがあるはずです.

つまり t_1 という時刻があって,

$$0 < t < t_1$$

では,

$$v(t) < \frac{1}{\beta}+1$$

かつ

$$v(t_1) = \frac{1}{\beta}+1$$

です. $\dfrac{dv}{dt}$ を t_1 で計算してみましょう.

$$\left.\frac{dv}{dt}\right|_{t_1} = \{1-\beta u(t_1)-\beta v(t_1)\}v(t_1)$$

$$< \{1-\beta v(t_1)\}v(t_1)$$

$$1-\beta v(t_1) = 1-\beta\left(\frac{1}{\beta}+1\right) = -\beta$$

つまり,

$$\left.\frac{dv}{dt}\right|_{t_1} < -\beta v(t_1) < 0$$

となります. これはおかしいのです.

つまり，t_1 での
$$v = v(t)$$
への接線の傾きをみると，右下がりです．これは t_1 より前に $v(t_1)$ より大きい $v(t)$ があったということです．われわれは t_1 ではじめて $\frac{1}{\beta}+1$ になったと仮定したのですから，これは矛盾です．したがって $v(t)$ がいくらでも t とともに大きくなることはありません．

そこで（*）の式：
$$\frac{v^\alpha}{u^\beta} \frac{u_0{}^\beta}{v_0{}^\alpha} = e^{(\alpha-2\beta)t}$$
右辺は t が大きくなると無限大になるわけですが，左辺の分子は今いった理屈から大きく無限になることはできません．したがって，

「$u(t)$ が t とともに 0 に近づく」．

§10　数学は文化である

　これまで数学とはなんだろうかという話からはじめて，いろいろな話をしてきましたが，この本を書くために私も大変勉強しました．われわれ数学者にとっても"数学とは何か"という質問はむずかしく，説明をするのに困る問題であったわけです．もちろん皆さんにとってはさらにもっとわからない問題であったと思います．だいたい面白くて夢中になっている時には，自分のしていることが何であろうということは考えません．ギターに夢中になっている若者は音楽が何か？　などという疑問をもつはずがありません．きっと君たちも数学が退屈なために，なぜこういうことをするのだろうと思うだろうと想像するのです．

　この本を書くために，"数学とは何か"を考えました．そしてほとんど書きおえた今思うのは，数学とは"文化"の一種であるとつくづく思うのです．

　この"文化"ということばも私はふつういわれるものより，もっと大きいものに考えたいのです．

　文化というのは，生物（人間もふくめた）全体についての1つの遺産だと思います．

　生物に文化はあるのかって？　私はあると思います．§5

で今西先生のことを書きましたが,今西先生の『生物の世界』に少しだけですが"生物の文化"ということを考えざるを得ないということを書いておられます.

たとえば,中生代の海にすんだアンモン貝の貝殻に刻まれた彫刻が,時代を経て種が生長するにしたがい次第に緻密に繊細になっていったといわれますが,これはいわば生物が行なう芸術のようなものであると今西先生はいっておられます.そういういい方が許されるならば,この彫刻をする営みは生物のもつ文化であろうと思ってもよいでしょうし,人間の文化はこの延長なのです.

そして,このような営み,生命そのものではないが"生命とともに生まれた"1つの文化として,数とか数学とかがあるのではないでしょうか.それはどんな営みか? それについては,§5以後たびたびくりかえしてきたのですが,生物は(今西さんもいわれたように),1つとしてまったく同一のものはありません.一方,どの1つも他とまったく独立に孤立しているようなものもありません.この生物の特質のうち,後の部分すなわち,1つのものは,必ずそれに似たものを持つということにあくまでこだわって,他のものを見ていくという1つの習慣が,数学のもとになっていきました.ここからポアンカレのいった,"数学とは異なるものを同じものとみなす技術である"といういい方が生じてきましたし,これは数学のもつ1つの特質をよく示しています.集合論はその中でもっともあらくものを見る見方ですし,トポロジーという数学の1つの分野は,よ

図 10.1

くいわれることですが，コーヒー茶碗とドーナツの区別がつかない人の見方であるといわれます．

すこしくわしく説明すれば，コーヒー茶碗をゴム粘土でつくっておけば，コーヒーの入る部分をどんどん浅くしてドーナツにすることは，もともとのゴム粘土に新しいものをつけくわえたりしなくてもひっぱったりならしたりしながら変形できるのです．したがって，このような"連続的な変形"を加えることによって，コーヒー茶碗もドーナツも同じものと見なすことができるので，このように見ることで，この世にあるいろいろなものを整理しようというのがトポロジーという数学の一分野です．

トポロジーという学問では連続変形ということが大切であって，これが約束でありまして，この約束を破ったことは，この学問の中に入りません．たとえば上の変形でゴム粘土を引きちぎってできたドーナツの半分ずつと，もとの

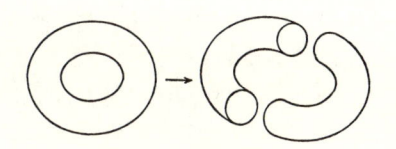

図 10.2

ドーナツとはもう同じものとはみ̇な̇さ̇な̇い̇のです．

このように，いったん約束したことは絶対に守ることの上で，異なったものを同じものとみることが数学を成立させているのです．

このように，1つの約束を守り通しながら，かつ現実のものをあらくみるということから，この世のものを通じて出来上がりながら，この世のものとも思われない世界が出来上がります．

これが"数学の世界"ともいうべき世界であって，そこでは人は現実をはなれて，あ̇そ̇ぶ̇こ̇と̇もできるのです．

こういうふうに数学をえがき出してから，もう一度，§9以下の生物のモデルの数学をながめ返して見るのも興味深いことだと思います．ここでの数学は分野としては解析という分野に属しているものですが，この分野では，トポロジーほど約束事をはっきりと表面に出すことは，慣習としてはありません．けれどもやはり約束はあるのでして，たとえばこの数学の世界では，でてくる現実に対応した量，サメの量や魚の量はすべて，プラスつまり正の数です．この世界は正だけの世界なので，マイナスの答がもしでてきたらまちがっているのです．また，サメの数と魚の数を足したり引いたりしたと思いますが，これも数の世界では何の不思議もありませんが，こういう現実の世界では珍妙な，勇ましい空想を駆使することによって，ダンコナの現実的な質問，なぜサメだけが戦争の間だけ増えたのか？という問いに答をすることができたといえましょう．数学

はたしかに，§2でいったように現実から素材をえながら，現実の外の幻想的な世界（そこでは約束事だけが生きている）に出発しますが，そこで行なわれた結果は再び現実の世界に帰ってきて意味をもったり，現実的な質問にこたえたりできるのです．

こういう意味で数学の世界は§6でマルサスの時にくわしく述べたように比喩の世界なのです．そしてそれが人の世に必要なのは生命というものがあり，その生命につながって数学の文化が生じたからだと思います．

以上長々と述べてきましたが，これが私がもっている数学観というか，数学とはなにか，という質問に対する答です．この本を書こうと思ってから，すでに10年経過しました．そのあいだに，数学に対する数学者の見方も，いくぶん変化してきたようです．10年前には，数学教育の方でも集合教育がはじまったばかりで，それを数学教育の基礎のようないい方をする人びとも多かったのですが，まずそのような風潮はすこしおとろえています．一方，10年前には，数学者に数学とは何かということを聞くことすらはばかられるような雰囲気がありました．そして数学が現実にはどういう意味があるか，ということを説く数学者は少なくとも日本ではいなかったのですが，最近は世界のあちこちで，純粋数学をこれまでしていた数学者のうちからも，経済や生物に関係した数学をこしらえて，実際にその分野の人たちと討論をする人びとがでてきております．ただ日本では，§5の最後に少し述べたように，ウチとソトという

考えが，どうしても数学者の世界にもあって，数学者どうしではいろいろと数学に対する見方を話してもそれを他の世界に発表するのは野蛮な行為であるという見方もあり，私のような生き方はひょっとするとまったくの例外かもわかりません．私は数学というのも1つの文化にすぎず，そのもとのところは古く1つの幹のような生物の文化からでた1つの枝にすぎないと思っておりますから，いつも，できたら，ただ数学の1つの専門のことだけに関心を常に集中するだけではなくて，数学の他の分野との連絡と会話を，それから数学以外の文化のもろもろのあり方に関心をはらいたいと思い，そのような接触を大切にしているのです．どちらが正しいかは，皆さんが判断されることで，私はこういう生き方にまったく後悔はありません．

解説　数学の「あらさ」!

野﨑昭弘

　山口昌哉先生は，数学者として活躍されたが，数学教育にも強い関心を持っておられたから，「はしがき」にも引用されているコルモゴロフの夢「自分の数学をたとえば今の高校生にわかりやすく説明すること」に深く共感されたことは間違いない．私は山口先生とは専門も違うし年代もずっと下であるが，同じ民間数学教育団体（数学教育協議会）に所属している関係で，研究会でお会いして声をかけていただいたことがある．そのとき私が「先生，私も 60（歳）になってしまいましたよ」と申し上げたら，先生は笑って「君ね，70 になってみるとね，60 のときは若かったと思うよ」と言われ，それはそうだろうな，と思った（今は私も 70 歳を過ぎて，たしかに！と思っている）．

　それにしても，先生のまじめさは徹底していて，本書でも「数学というものの素顔をわかっていただこう」という目標に向かって，あわてずあせらず，ゆったりと話を進める．第 1 部は数学を外から見た文化論，第 2 部は数学を中から見た解説，と一応分けることもできるであろうが，第 1 部でも数学者が数学を中から見たときの観察があちこち

に織り込まれているし、第2部でも、そもそも問題の設定から、「数学と外の世界とのつながり」が強く意識されている．

本書には，数学者にはあまり知られていないニコラウス・クザーヌス，また今西錦司とか西谷得宝（敬称略）などの名前が出てくるが，そのあたりに私は，京都学派の厚みを感じた．京都には自由で幅広い視野を育てる土壌があるようで，私の知識の範囲で挙げるので偏っていることはご容赦いただきたいが，西田幾多郎，田中美知太郎など哲学の巨峯，湯川秀樹，今西錦司，河合隼雄，ちょっと変わったところでは（生まれは東京であるが，京都でブレイクした）森毅など，自由な学風が今でも生きているように思われる．この「自由」というキーワードも，「数学を文化という広い枠組みの中で考える」こととあわせて，本書から学んでよい，数学の特徴の一つではないだろうか．

私が特に感心したのは，数学の「あらさ」という言葉である．これはふつう「モデル化」とか「理想化」と語られるのだけれど，そこを謙虚に「あらさ」と言われるのは先生らしい，と思った．しかしその「あらさ」，ときには日常生活の常識にも反する「あらさ」は，まわりまわって日常生活にもたいへんな貢献をしている，数学の力の源泉のひとつである．よい例が，空間についての数学者の考えであろう．

カルデア人の常識によれば，われわれが住んでいる世界は有限で，周囲は高い山に囲まれて，そこから先には行け

なかった．また「周囲は海に囲まれ，その果ては滝で終わっている」と考えた人もいた．どちらの場合も，有限の世界を囲む天も有限で，地上界を規則的に周回し，昼夜と四季を作っている，と考えられていた．しかし数学者たちはかなり早くから，違った考えをもっていた．空間にある山とか川など，具体的なものをすべて無視して（ものすごい「あらさ」！），その土台にあるただの「スペース」を考え，しかもそれは「一様に，どこまでも無限に広がっている」と想定したのである．現代の子供なら，テレビで見るスターウォーズ（古い？）などのおかげで「無限に広い空間」はあたりまえで，「有限の宇宙」のほうが考えにくいかもしれないが，昔は「空間の恐怖」という言葉もあったくらいで，無限に広がるスペースのイメージをもつことは容易ではなかった．しかしギリシャの天才レウキッポスあたりが最初らしいが，「無限に広い平面・空間」の便利さは次第に認められ，そのあとに整理されたユークリッド（BC 4〜BC 3世紀）の幾何学も「無限に広い平面・空間」を前提にしている．実際，有名な「平行線公理」は，わかりやすいように言い換えると，次のように述べられる．

　　平行な2直線の一方をほんの少しでも傾けると，そ
　　れらは必ず交わる．

これは有限の大きさの紙の上では必ずしも成り立たないので，無限に広い平面ではじめていえることである．彼らの自由な考えは，フィロラオスやピタゴラスの「太陽・地球ほかの惑星は，天の中心火の周りを回転している」とい

う思弁的地動説や、サモスのアリスタルコスの「地球は太陽の周りを、自転しながら公転している」という説まで生みだしていた。現代でも「ユークリッドの考えた空間」を前提とする科学技術によって、日常生活にも大きな便益がもたらされていることは、今さらいうまでもない。

一方、古代ギリシャでも常識家・アリストテレスは「月より上の天上界」と「それより下の地上界」を区別し、天上界では「全てが完全な円運動」、地上界では「不完全な強制運動」と考えた——地上の「自由落下」も知られていたが、「重いものは軽いものより速く落ちる」と述べていた。このような考えはのちにキリスト教のドグマ「この世界は神が創造し、唯一の救い主・キリストを送った特別な場所で、全宇宙の中心である」というドグマと結びつき、この世界こそ唯一の、有限の世界の中心、という説が広められた。

ついでながら太陽や星の「完全な円運動」という考えは説得力があったらしく、ずっと後に太陽を不動の中心と考えたコペルニクスやガリレイも、惑星の運動は円運動、と思い込んでいたし、データからそれを打ち破って楕円軌道を提唱したケプラーも、彼の有名な三法則を明らかにするまでは円運動を信じていた。

キリスト教神学を軸として発展したヨーロッパ中世の哲学では、「宇宙は無限」という考えは異端とされ、忘れられていた。それがルネサンスの時代に再発見され、その時代の感覚に合わせて「汎神論的哲学」として展開されていく

うちに，近代自然科学の発端も現れてくるのであるが，15世紀に重要な役割を果たした人物が，本書の§5, Ⅱで取り上げられているニコラウス・クザーヌス（1401-1464）である．彼はカトリック教会の中では「改革派」に属し，ローマに対するドイツ教会の発言権を強めるために努力していたが，やがてローマ法王庁に招かれ，しだいに重く用いられ，1448年には枢機卿にもなっている．「教会の主権は教会全体にあって，法王はそれを代表するにすぎない，という考えは変わらなかったが，ローマ法王の絶対主義の秩序を通して，より広くより深い統一に達しうる，と考えたのであろう」という説もある（野田又夫『西洋近世哲学史』弘文堂，5ページ）．

彼の説は，本文でわかりやすく解説されているのでここには繰り返さないが，「円と直線は同じ」という大胆な主張（数学のあらさ！）や，「世界は無限で，中心などない（どこを中心と考えてもよい）」（数学の自由さ!!）という，ユークリッド以来の，数学的にはごく自然な宇宙観が述べられていて，これがレオナルド・ダ・ヴィンチ（1452-1519）やコペルニクス（1473-1543），さらにカルダノ（1501-1576），ブルーノ（1548-1600），ガリレイ（1564-1642）にも影響を与えたことが知られている．

このうち気の毒なのはジョルダーノ・ブルーノで，「宇宙は無限で，地球が中心ではない」と主張したことを最大の理由として，異端審問所の告発を受け，火あぶりの刑に処せられた．ガリレイも，親しかった法王ウルバヌス8世の

許可を得て『天文対話』を出版したのに，あとになって異端審問所に摘発され，処罰された（投獄されることだけは，法王の特赦でまぬがれたが，不合理な審問自体は法王にも止められなかった）．彼らの不運のもとは，16世紀に入ってからルター等の宗教改革が始まって，批判の対象となった伝統的なキリスト教の総本山・法王庁がある時期からしだいにかたくなになったことで，コペルニクスは生きていた頃には何のおとがめもなく，地動説を述べた著書が発禁になったのは亡くなってから50年以上も後の1616年であるし，ブルーノ以前に同じことを述べていた15世紀のクザーヌスは，弾圧されるどころか「晩年は副法王とあだ名された」くらい，権力の中枢にいた．一方ブルーノは，科学的な見方を既成の宗教にも適用して自然史的に観察し，古代の無邪気な自然崇拝はよいが「ユダヤ教もキリスト教も，極度の困窮によってゆがんだ心情を前提としてのみ成り立ち，偽善と不寛容は当然それにともなう」と述べていたそうで（野田又夫，前掲書16ページ），それがほんとうの処刑理由であったろう（説得力がありすぎて，公の処刑理由には挙げられなかった⁉）．

なおコペルニクスはローマの弾圧を恐れて，「地球が太陽の周りを動くというのは，運動を簡単に説明するための便宜上の話である」という用心深い声明を付け加えていた．もちろんいくら「便宜上」といっても，革新的な考えを含んでいることは確かであるが，学者の間からも反論が出たのは，プトレマイオスの天動説モデルは複雑怪奇であ

るが，複雑なおかげでけっこう正確で，円運動を前提としているコペルニクスのモデルより誤差は小さかったそうである．しかしプトレマイオスもコペルニクスも，星の結果的な動きだけに注目しているので，その力学的な原因には触れていない．その原因——加速度を生みだす万有引力の法則（と力学の3法則）を明らかにしたのは，少し後のニュートン（1642-1727）で，ここに至って「天上の世界」と「地上の世界」が同じ力学法則で支配されていることが明らかになり，地動説が確立された．ついでながら「現代的な見方をすれば，天動説も地動説も，どちらも正しい——太陽と地球の，どちらが動いているかなどは相対的な問題なので，どちらが動いていると考えてもよい」と言う人もいるが，それは大きな誤りである．それは「加速度と，それを生み出す力」の出所を無視しなければ成り立たない考えで，「すべて相対的」ならりんごが落ちるのではなく，地球が（木や見ている人をも含めて）とびあがると考えてもかまわないはずであるが，観測者が上への加速度を感じないこと，また地球の反対側で同時に落ちるりんごがありうることと矛盾する！

　いずれにしても，クザーヌスや今西錦司のように幅広く自由な発想，また「あらい」モデルの精密な吟味が，科学の進歩においてきわめて重要であることは，いうまでもない．しかし数学，ないしは「モデル」という考え方が，「人と人との対話にも有効」（本書88ページ）という山口先生の指摘には，説得力があると思う．限りなく分裂し差別化

が進んでゆく現代社会においては，その重要性はますます高まっているのではないだろうか？

　　　2010年6月

(のざき・あきひろ／サイバー大学教授)

本書は一九八五年四月二十日、筑摩書房より『食うものと食われるものの数学』の書名で刊行された。文庫化にあたり改題した。

数学文章作法 基礎編	結城 浩	レポート・論文・プリント・教科書など、数式まじりの文章を正確で読みやすいものにするには？『数学ガール』の著者がそのノウハウを伝授！
数学文章作法 推敲編	結城 浩	ただ何となく推敲していませんか？語句の吟味・全体のバランス・レビューなど、文章をより良くするために効果的な方法を、具体的に学びましょう。
数学序説	吉田洋一/赤攝也	数学は嫌いだという人のために。幅広いトピックを歴史に沿って解説。刊行から半世紀以上にわたって読み継がれてきた数学入門のロングセラー。
ルベグ積分入門	吉田洋一	リーマン積分ではなぜいけないのか。反例を示しつつ、ルベグ積分誕生の経緯と基礎理論を丁寧に解説。いまだ古びない往年の名教科書。（赤攝也）
量子力学	L・D・ランダウ/E・M・リフシッツ 好村滋洋/井上健男訳	圧倒的に名高い『理論物理学教程』に、ランダウ自身が構想した入門篇があった！幻の名著（山本義隆）
力学・場の理論	L・D・ランダウ/E・M・リフシッツ 水戸巌ほか訳	非相対論的量子力学から相対論的理論までを、簡潔で美しい理論構成で登る入門教科書。大教程2巻をもとに新構想の別版。（江沢洋）
統計学とは何か	C・R・ラオ 藤越康祝/柳井晴夫/栗田正章訳	さまざまな現象に潜んでみえる「不確実性」に立ち向かう新しい学問＝統計学。世界的権威がその歴史・数理・哲学など幅広い話題をやさしく解説。
ラング線形代数学（上）	サージ・ラング 芹沢正三訳	学生向けの教科書を多数執筆している名教師による線形代数入門。他分野への応用を視野に入れつつ、具体的かつ平易に基礎・基本を解説。
ラング線形代数学（下）	サージ・ラング 芹沢正三訳	『解析入門』でも知られる著者はアルティンの高弟だった。下巻では群・環・体の代数的構造を俯瞰する抽象の高みへと学習者を誘う。

フィールズ賞で見る現代数学

マイケル・モナスティルスキー
眞野元訳

「数学のノーベル賞」とも称されるフィールズ賞。その誕生の歴史、および第一回から二〇〇六年までの歴代受賞者の業績を概説。

角 の 三 等 分

矢野健太郎

コンパスと定規だけで角の三等分は「不可能」! なぜ? 古代ギリシアの作図問題の核心を平明懇切に解説。「ガロア理論入門」の高みへと誘う。

エレガントな解答

一松信解説

ファン参加型のコラムはどのように誕生したか。師アインシュタインと相対性理論、パスカルの定理などやさしい数学入門エッセイ。(一松信)

思想の中の数学的構造

山下正男

レヴィ=ストロースと群論? ニーチェやオルテガの遠近法主義、ヘーゲルと解析学、孟子と関数概念...数学的アプローチによる比較思想史。

熱学思想の史的展開1

山本義隆

熱の正体は? その物理的特質とは?『磁力と重力の発見』の著者による壮大な科学史。全面改稿。

熱学思想の史的展開2

山本義隆

熱力学はカルノーの一篇の論文に始まり骨格が完成した。熱素説に立ちつつ、時代に半世紀も先行していた。理論のヒントは水車だったのか? 熱力学入門としての評価も高い。

熱学思想の史的展開3

山本義隆

隠された因子、エントロピーがついにその姿を現わす。そして重要な概念が加速度的に連続し熱力学が体系化されていく。格好の入門篇。全3巻完結。

数学がわかるということ

山口昌哉

非線形数学の第一線で活躍した著者が〈数学とは〉をしみじみと、〈私の数学〉を楽しげに語る異色の数学入門書。(野崎昭弘)

カオスとフラクタル

山口昌哉

ブラジルで蝶が羽ばたけば、テキサスで竜巻が起こる? カオスやフラクタルの非線形数学の不思議をさぐる本格的入門書。(合原一幸)

フラクタル幾何学(下)	B・マンデルブロ　広中平祐監訳	「自己相似」が織りなす複雑で美しい構造とは。その数理とフラクタル発見までの歴史を豊富な図版とともに紹介。
工学の歴史	三輪修三	オイラー、モンジュ、フーリエ、コーシーらは数学者であり、同時に工学の課題に方策を授けていた。『ものつくりの科学』の歴史をひもとく。
ユークリッドの窓	レナード・ムロディナウ　青木薫訳	平面、歪んだ空間、そして……。幾何学的世界像は今なお変化し続ける。『スタートレック』の脚本家が誘う三千年のタイムトラベルへようこそ。
ファインマンさん　最後の授業	レナード・ムロディナウ　安平文子訳	科学の魅力とは何か？　創造とは、そして死とは？　老境を迎えた大物理学者との会話をもとに書かれた珠玉のノンフィクション。(山本貴光)
現代の古典解析	森毅	おなじみ一刀斎の秘伝公開！　極限と連続に始まり、指数関数と三角関数を経て、偏微分方程式に至る。見晴らしのきく、読み切り22講義。
数の現象学	森毅	$4×5$と$5×4$はどう違うの？　きまりごとの算数からその深みへ誘う認識論的数学エッセイ。日常の中の数を歴史文化に探る。(三宅なほみ)
ベクトル解析	森毅	1次元線形代数から多次元へ、1変数の微積分から多変数へ。応用面とは異なる、教育的重要性を軸に展開するユニークなベクトル解析のココロ。
対談　数学大明神	安野光雅　森毅	数楽的センスの大饗宴！　読み巧者の数学者と数学ファンの画家が、とめどなく繰り広げる興趣つきぬ数学談義。(河合雅雄・亀井哲治郎)
応用数学夜話	森口繁一	俳句は何兆までで作れるのか？　安売りをしてもっとも効率的に利益を得るには？　世の中の現象と数学をむすぶ読み切り18話。(伊理正夫)

計算機と脳	J・フォン・ノイマン 柴田裕之訳	脳の振る舞いを数学で記述することは可能か? 現代のコンピュータの生みの親でもあるフォン・ノイマン最晩年の考察。新訳。
数理物理学の方法	J・フォン・ノイマン 伊東恵一編訳	多岐にわたるノイマンの業績を展望するための文庫オリジナル編集。本巻は量子力学・統計力学など物理学の重要論文四篇を収録。全篇新訳。(野崎昭弘)
作用素環の数理	J・フォン・ノイマン 長田まりゑ編訳	終戦直後に行われた講演「数学者」と、「作用素環について」I〜IVの計五篇を収録。一分野としての作用素環論を確立した記念碑的業績を網羅する。
フンボルト 自然の諸相	アレクサンダー・フォン・フンボルト 木村直司編訳	中南米オリノコ川で見たものとは? 植生と気候、緯度と地磁気などの関係を初めて認識し、自然学を継ぐ博物・地理学者の探検紀行。
新・自然科学としての言語学	福井直樹	気鋭の文法学者によるチョムスキーの生成文法解説書。文庫化にあたり旧著を大幅に増補改訂し、付録として黒田成幸の論考「数学と生成文法」を収録。
電気にかけた生涯	藤宗寛治	実験・観察にすぐれたファラデー、電磁気学にまとめたマクスウェル、ほかにクーロンやオームなど科学者十二人の列伝を通して電気の歴史をひもとく。
πの歴史	ペートル・ベックマン 田尾陽一/清水韶光訳	円周率だけでなく意外なところに顔をだすπ。ユークリッドやアルキメデスによる探究の歴史に始まりπのオイラーの発見にいたる。
やさしい微積分	L・S・ポントリャーギン 坂本實訳	微積分の基本概念・計算法を全盲の数学者がイメージ豊かに解説。版を重ねて読み継がれる定番のπ入門教科書。練習問題・解答付きで独習にも最適。
フラクタル幾何学(上)	B・マンデルブロ 広中平祐監訳	「フラクタルの父」マンデルブロの主著。膨大な資料を基に、地理・天文・生物などあらゆる分野から事例を収集・報告したフラクタル研究の金字塔。

ポール・ディラック	アブラハム・パイスほか 藤井昭彦訳	「反物質」なるアイディアはいかに生まれたのか、そしてその存在はいかに発見されたのか。天才の生涯と業績を三人の物理学者が紹介した講演録。
近世の数学	原 亨吉	ケプラーの無限小幾何学からニュートン、ライプニッツの微積分学誕生に至る過程を、原典資料を駆使して考証した世界水準の作品。（三浦伸夫）
パスカル 数学論文集	ブレーズ・パスカル 原 亨吉訳	「円錐曲線論」「幾何学的精神について」など十数篇の論考を収録。世界的権威による翻訳。（佐々木力）
幾何学基礎論	D・ヒルベルト 中村幸四郎訳	20世紀数学全般の公理化への出発点となった記念碑的著作。ユークリッド幾何学を根源まで遡り、斬新な観点から厳密に基礎づける。
和算の歴史	平山 諦	関孝和や建部賢弘らのすごさと弱点とは。そして和算がたどった歴史とは。和算研究の第一人者による簡潔にして充実の入門書。（鈴木武雄）
素粒子と物理法則	S・R・P・ファインマン／小林澈郎訳 ワインバーグ	量子論と相対論を結びつけるディラックのテーマに対照的に展開したノーベル賞学者による追悼記念講演。現代物理学の本質を堪能させる三重奏。
ゲームの理論と経済行動 I（全3巻）	ノイマン／モルゲンシュテルン 銀林／橋本／宮本監訳 阿部訳	今やさまざまな分野への応用いちじるしい「ゲーム理論」の嚆矢とされる記念碑的著作。第I巻はゲームの形式的記述とゼロ和2人ゲームについて。
ゲームの理論と経済行動 II	ノイマン／モルゲンシュテルン 銀林／橋本監訳 下島訳	第I巻でのゼロ和2人ゲームの考察を踏まえ、第II巻ではプレイヤーが3人以上の場合のゼロ和ゲーム、およびゲームの合成分解について論じる。
ゲームの理論と経済行動 III	ノイマン／モルゲンシュテルン 銀林／宮本監訳 宮本訳	第III巻では非ゼロ和ゲームにまで理論を拡張。これまでの数学的結果をもとにいよいよ経済学的解釈を試みる。全3巻完結。（中山幹夫）

高等学校の基礎解析	黒田孝郎／森毅／野﨑昭弘ほか	わかってしまえば日常感覚に近いものながら、数学挫折のきっかけの微分・積分。その基礎にひもといた再入門のための検定教科書。
高等学校の微分・積分	黒田孝郎／森毅／野﨑昭弘ほか	高校数学のハイライト「微分・積分」。その入門コース『基礎解析』に続く本格コース。公式暗記の学習からほど遠い、特色ある教科書の文庫化第3弾。
トポロジー	野口廣	現代数学に必須のトポロジーの考え方とは？ 集合・写像・関係・位相などの基礎から、ていねいに図説した定評ある入門者向け学習書。
トポロジーの世界	野口廣	ものごとを大づかみに捉える！ その極意を、数式に不慣れな読者との対話形式で、図を多用し平易・直感的に解き明かす入門書。(松本幸夫)
エキゾチックな球面	野口廣	7次元球面には相異なる28通りの微分構造が可能！フィールズ賞受賞者を輩出したトポロジー最前線を臨場感ゆたかに解説。(竹内薫)
数学の楽しみ	テオニ・パパス 安原和見訳	ここにも数学があった！ 石鹼の泡、くもの巣、雪片曲線、一筆書きパズル、魔方陣、DNAらせん……。イラストも楽しい数学入門150篇。(細谷暁夫)
相対性理論（下）	W・パウリ 内山龍雄訳	アインシュタインが絶賛し、物理学者内山龍雄をして「研究をやめてでも訳したかった」と言わしめた相対論三大名著の一冊。
物理学に生きて	W・ハイゼンベルクほか 青木薫訳	「わたしの物理学は……」ハイゼンベルク、ディラック、ウィグナーら六人の巨人たちが集い、それぞれの歩んだ現代物理学の軌跡や展望を語る。
調査の科学	林知己夫	消費者の嗜好や政治意識を測定するとは？ 集団特性の数量的表現の解析手法を開発した統計学者による社会調査の論理と方法の入門書。(吉野諒三)

数とは何かそして何であるべきか
リヒャルト・デデキント
渕野昌訳・解説

「数とは何かそして何であるべきか?」「連続性と無理数」の二論文を収録。現代の視点から数学の基礎付けを試みた充実の訳者解説付き。（新井紀子）

物理の歴史
朝永振一郎編

湯川秀樹のノーベル賞受賞。その中間子論とはなんだろう。日本の素粒子論を支えてきた第一線の学者たちによる平明な解説書。（江沢洋）

代数的構造
遠山 啓

群・環・体など代数の基本概念の構造を、構造主義の歴史をおりまぜつつ、卓抜な比喩とていねいな計算で確かめていく抽象代数学入門。（銀林浩）

現代数学入門
遠山 啓

現代数学、恐るるに足らず！ 学校数学より日常の感覚の中に集合や構造、関数や群、位相の考え方を探る大人のための入門書。（エッセイ 亀井哲治郎）

現代数学への道
中野茂男

抽象的・論理的な思考法はいかに生まれ、何を生む？ 入門者の疑問やとまどいにも目を配りつつ、数学の基礎を軽妙にレクチャー。（一松信）

生物学の歴史
中村禎里

進化論や遺伝の法則は、どのような論争を経て決着したのだろう。生物学とその歴史を高い水準でまとめあげた壮大な通史。充実した資料を付す。

不完全性定理
野﨑昭弘

事実・推論・証明……。理屈っぽいとケムたがられたりする話題を、なるほどと納得させながら、ユーモアたっぷりにひもといたゲーデルへの超入門書。

数学的センス
野﨑昭弘

美しい数学とは詩なのです。いまさら数学者にはなれないけれどそれを楽しみたい……そんな期待に応えてくれる心やさしいエッセイ風数学再入門。

高等学校の確率・統計
黒田孝郎／森毅／小島順／野﨑昭弘ほか

成績の平均値や偏差値はおなじみでも、実務の水準と隔たりが！ 基礎からやり直したい人のためにで伝説の検定教科書を指導書付きで復活。

数学の自由性	高木貞治	大数学者が軽妙洒脱に学生たちに数学を語る！年ぶりに復刊された人柄のにじむ幻の同名エッセイ集を含む文庫オリジナル。
ガウスの数論	高瀬正仁	青年ガウスは目覚めとともに正十七角形の作図法を思いついた。初等幾何に露頭した数論の一端！創造の世界の不思議に迫る原典講読第２弾。(高瀬正仁)
量子論の発展史	高林武彦	世界の研究者と交流した著者による量子理論史。その物理の核心をみごとに射抜き、理論探求の醍醐味を生き生きと伝える。新組。(江沢洋)
高橋秀俊の物理学講義	藤村靖	ロゲルギストを主宰した著者の物理的センスとル変換、力について、示量変数と示強変数、ルジャンドル変換、変分原理などの汎論四〇講。(田崎晴明)
物理学入門	武谷三男	科学とはどんなものか、理論変革の跡をひも解いた科学論、ギリシャの力学から惑星の運動解明まで、三段階論で知られる著者の入門書。(上條隆志)
一般相対性理論	P・A・M・ディラック 江沢洋訳	一般相対性理論の核心に最短距離で到達すべく、卓抜した数学的記述で簡明直截に書かれた天才ディラックによる入門書。詳細な解説を付す。
ディラック現代物理学講義	P・A・M・ディラック 岡村浩訳	永久に膨張し続ける宇宙像とは？モノポールは実在するのか？想像力と予言に満ちたディラック晩年の名講義が新訳で甦る。付録＝荒船次郎
幾何学	ルネ・デカルト 原亨吉訳	哲学のみならず数学においても不朽の功績を遺したデカルト『方法序説』の本論として発表された『幾何学』、初の文庫化！ (佐々木力)
不変量と対称性	今井淳／寺尾宏明／中村博昭	変えても変わらない不変量とは？そしてその意味や用途とは？ガロア理論や結び目の現代数学に現われる、上級の数学センスをさぐる７講義。

60

シュヴァレー リー群論	クロード・シュヴァレー 齋藤正彦訳	現代的な視点から、リー群を初めて大局的に論じた古典的名著者。著者の導いた諸定理はいまなお有用性を失わない。本邦初訳。（平井武）
現代数学の考え方	イアン・スチュアート 芹沢正三訳	現代数学は怖くない！「集合」「関数」「確率」などの基本概念をイメージ豊かに解説。直観で現代数学の全体を見渡せる入門書。図版多数。
若き数学者への手紙	イアン・スチュアート 冨永星訳	研究者になるつてどういうこと？ 現役で活躍する数学者が豊富な実体験を紹介。数学との付き合い方から「してはいけないこと」まで。（砂田利一）
飛行機物語	鈴木真二	なぜ金属製の重い機体が自由に空を飛べるのか？ その工学と技術を、リリエンタール、ライト兄弟などのエピソードをまじえた歴史的にひもとく。
幾何物語	瀬山士郎	作図不能の証明に二千年もかかったとは！ 柔らかな発想で大きく飛躍してきた歴史をたどりつつ、現代幾何学の不思議な世界を探る。図版多数。
集合論入門	赤攝也	「ものの集まり」という素朴な概念が生んだ奇妙な世界、集合論。部分集合・空集合などの基礎から、丁寧な叙述で連続体や順序数の深みへと誘う。
確率論入門	赤攝也	ラプラス流の古典確率論とボレル・コルモゴロフ流の現代確率論。両者の関係性を意識しつつ、確率の基礎概念と数理を多数の例とともに丁寧に解説。
微積分入門	W・W・ソーヤー 小松勇作訳	微積分の考え方は、日常生活のなかから自然に出てくるもの。∫や lim の記号を使わず、具体例に沿って説明した定評ある入門書。（瀬山士郎）
新式算術講義	高木貞治	算術は現代でいう数論。数の自明を疑わない明治の読者にその基礎を当時の最新学説で説く。『解析概論』の著者若き日の意欲作。（高瀬正仁）

| 数学をいかに使うか | 志村五郎 | 「何でも厳密に」などとは考えてはいけない――。世界的数学者が教える「使える」数学とは。文庫版オリジナル書き下ろし。 |

| 数学の好きな人のために | 志村五郎 | 世界的数学者が教える「使える」数学第二弾。ユークリッド幾何学、リー群、微分方程式論、ド・ラームの定理など多彩な話題。 |

| 数学で何が重要か | 志村五郎 | ピタゴラスの定理とヒルベルトの第三問題、数学オリンピックス、ガロア理論のことなど。文庫オリジナル書き下ろし第三弾。 |

| 数学をいかに教えるか | 志村五郎 | 日米両国で長年教えてきた著者が日本の教育を斬る！掛け算の順序問題、悪い証明と間違えやすい公式のことから外国語の教え方まで。 |

| 通信の数学的理論 | C・E・シャノン／W・ウィーバー 植松友彦訳 | IT社会の根幹をなす情報理論はここから始まった。発展もちじるしい最先端の分野に、今なお根源的な洞察をもたらす古典的論文が新訳で復刊。 |

| 数学という学問 I | 志村五郎 | ひとつの学問として、広がり、深まりゆく数学。数・微積分・無限など上巻にその歩みを辿る。オリジナル書き下ろし。全3巻。 |

| 数学という学問 II | 志村五郎 | 第2巻では19世紀の数学を展望。数概念の拡張によりもたらされた複素解析のほか、フーリエ解析、非ユークリッド幾何誕生の過程を追う。 |

| 数学という学問 III | 志村五郎 | 19世紀後半、「無限」概念の登場とともに数学は大転換を迎える。カントルとハウスドルフの集合論、そしてユダヤ人数学者の寄与について。全3巻完結。 |

| 現代数学への招待 | 志賀浩二 | 「多様体」は今や現代数学必須の概念。「位相」「微分」などの基礎概念を丁寧に解説・図説しながら、多様体のもつ深い意味を探ってゆく。 |

ちくま学芸文庫

数学がわかるということ ――食うものと食われるものの数学

二〇一〇年八月十日　第一刷発行
二〇一五年十二月二十五日　第五刷発行

著　者　山口昌哉（やまぐち・まさや）
発行者　山野浩一
発行所　株式会社　筑摩書房
　　　　東京都台東区蔵前二-五-三　〒一一一-八七五五
　　　　振替〇〇一六〇-八-四一二三
装幀者　安野光雅
印刷所　株式会社精興社
製本所　株式会社積信堂

乱丁・落丁本の場合は、左記宛にご送付下さい。
送料小社負担でお取り替えいたします。
ご注文・お問い合わせも左記へお願いします。
筑摩書房サービスセンター
埼玉県さいたま市北区櫛引町二-一六〇四　〒三三一-八五〇七
電話番号　〇四八-六五一-〇〇五三

©KAZUKO YAMAGUTI 2010 Printed in Japan
ISBN978-4-480-09308-0 C0141